Easy to Fix
Three Meals A Day

轻松搞定一日三餐

邱克洪 主编

图书在版编目（CIP）数据

轻松搞定一日三餐 / 邱克洪主编. -- 哈尔滨 : 黑龙江科学技术出版社, 2020.5
ISBN 978-7-5719-0454-8

Ⅰ. ①轻… Ⅱ. ①邱… Ⅲ. ①食谱 Ⅳ. ①TS972.12

中国版本图书馆CIP数据核字(2020)第049458号

轻松搞定一日三餐
QINGSONG GAODING YIRISANCAN

主　　编　邱克洪
出 版 人　侯　擘
策划编辑
封面设计　深圳·弘艺文化 HONGYI CULTURE
责任编辑　徐　洋
出　　版　黑龙江科学技术出版社
地　　址　哈尔滨市南岗区公安街 70-2 号
邮　　编　150007
电　　话　（0451）53642106
传　　真　（0451）53642143
网　　址　www.lkcbs.cn
发　　行　全国新华书店
印　　刷　雅迪云印（天津）科技有限公司
开　　本　710mm × 1000mm　1/16
印　　张　13
字　　数　200 千字
版　　次　2020 年 5 月第 1 版
印　　次　2020 年 5 月第 1 次印刷
书　　号　ISBN 978-7-5719-0454-8
定　　价　39.80 元

目录
CONTENTS

PART 1

PART 2

PART 3

PART 1

元气活力早餐
Vigorous Breakfast

芹菜猪肉水饺

原料：
芹菜 100 克，肉末 90 克，饺子皮 95 克，姜末、葱花各少许

调料：
盐、五香粉、鸡粉各 3 克，生抽 5 毫升，食用油适量

功效
增强免疫力

做法：

1. 洗净的芹菜切碎，往芹菜碎中撒上少许盐，拌匀，腌制 10 分钟，将腌制好的芹菜碎倒入漏勺中，挤压掉多余的水分，将芹菜碎、姜末、葱花倒入肉末中，加入五香粉、生抽、盐、鸡粉、适量食用油，拌匀，制成馅料，待用。
2. 备好一碗清水，用手指蘸上少许清水，在饺子皮边缘涂抹一圈，往饺子皮中放上少许的馅料，将饺子皮对折，两边捏紧，其他的饺子皮采用相同的做法制成饺子生坯，放入盘中待用。
3. 锅中注入适量清水烧开，倒入饺子生坯，搅匀，防止其相互粘连，煮开后再煮 3 分钟，加盖，用大火煮 2 分钟，至其上浮，揭盖，捞出饺子，盛入双耳碗中即可。

韭菜鲜肉水饺

原料：

韭菜 70 克，肉末 80 克，饺子皮 90 克，葱花少许

调料：

盐、鸡粉、五香粉各 3 克，生抽 5 毫升，食用油适量

功效

增强免疫力

做法：

1. 洗净的韭菜切碎；往肉末中倒入韭菜碎、葱花，撒上盐、鸡粉、五香粉，淋上食用油、生抽，拌匀，制成馅料。
2. 备好一碗清水，用手指蘸上少许清水，在饺子皮边缘涂抹一圈，往饺子皮中放上少许馅料，将饺子皮对折，两边捏紧，剩下的饺子皮采用相同的做法制成饺子生坯，放入盘中待用。
3. 锅中注入适量清水烧开，放入饺子生坯，待其再次煮开，搅匀，再煮3分钟，加盖，用大火煮2分钟，至其上浮，揭盖，捞出饺子，盛入砂锅中即可。

蓝莓草莓粥

原料：

水发糙米 200 克，蓝莓 40 克，草莓 40 克

调料：

白糖 3 克

功效
健胃

做法：

1. 草莓切小块。
2. 砂锅注水烧开，放入糙米拌匀。
3. 盖上锅盖，烧开后用小火煮约 30 分钟至糙米熟软。
4. 揭盖，倒入草莓、蓝莓，加入白糖拌匀。
5. 关火后将粥盛入碗中即可。

草莓燕麦片

原料：
燕麦片 200 克，草莓 30 克

功效：降低血压

做法：

1. 草莓切块。
2. 砂锅中注入适量清水烧开，倒入燕麦片。
3. 加盖，大火煮 3 分钟至熟。
4. 用小火稍煮片刻至食材熟软。
5. 揭盖，将燕麦片盛入碗中，摆放上草莓即可。

虾仁蔬菜面

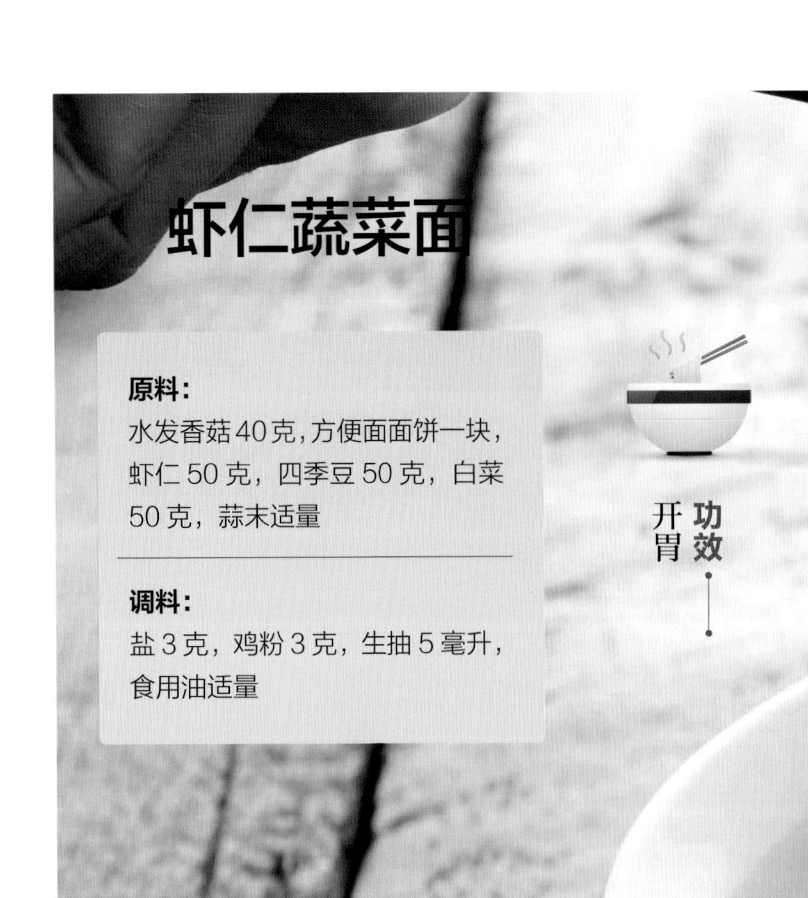

功效
开胃

原料：
水发香菇40克，方便面面饼一块，虾仁50克，四季豆50克，白菜50克，蒜末适量

调料：
盐3克，鸡粉3克，生抽5毫升，食用油适量

做法：
1. 水发香菇切块。
2. 虾仁去虾线。
3. 四季豆切段；白菜切小块。
4. 锅内注入适量清水烧开，倒入方便面煮至熟软后捞出待用。
5. 热锅注油，倒入蒜末爆香。
6. 倒入虾仁、四季豆、香菇、白菜炒香。
7. 倒入方便面炒匀，加入盐、鸡粉、生抽炒至入味。
8. 关火，将炒好的食材盛入碗中即可。

胡萝卜香葱炒面

原料：

手工面 400 克，胡萝卜丝 40 克，白芝麻 10 克，蒜末适量，葱花适量

调料：

盐 3 克，鸡粉 3 克，食用油少许

功效 开胃

做法：

1. 热锅注入少许食用油，烧热，倒入蒜末爆香。
2. 倒入手工面炒散。
3. 倒入胡萝卜丝炒匀，加入盐，鸡粉炒匀。
4. 撒上白芝麻炒匀。
5. 关火后将炒面盛入碗中，撒上葱花即可。

核桃葡萄干牛奶粥

原料：
核桃仁 50 克，葡萄干 50 克，大米 250 克，牛奶适量

功效
增强免疫力

做法：

1. 砂锅中注入适量的清水，用大火烧热。
2. 倒入牛奶、大米，搅拌均匀。
3. 盖上锅盖，大火烧开后转小火煮 30 分钟至熟软。
4. 掀开锅盖，倒入核桃仁、葡萄干持续搅拌片刻。
5. 将粥盛出装入碗中即可。

蔬菜鸡肉拌面

原料：
面条 200 克，红椒 80 克，黄豆芽 60 克，鸡胸肉 80 克，白萝卜 60 克，蒜末适量

调料：
盐 2 克，鸡粉 2 克，生抽 5 毫升，食用油适量

功效
开胃

做法：
1. 红椒切圈；黄豆芽洗净；鸡胸肉切块；白萝卜切丁。
2. 锅内注入适量清水烧开，倒入面条煮至熟软。
3. 捞出煮好的面条盛入碗中待用。
4. 热锅注油，倒入蒜末爆香。
5. 倒入鸡胸肉块、红椒、黄豆芽、白萝卜炒匀。
6. 加入盐、鸡粉、生抽拌匀。
7. 关火后将食材盛出。
8. 往面条中倒入炒好的食材拌匀即可。

石榴杏仁椰子饭

原料：
石榴 60 克，熟杏仁 30 克，米饭 200 克，椰子汁 50 毫升，苹果 80 克

调料：
盐 2 克，鸡粉 2 克，食用油适量

功效
润肺和胃

做法：

1. 石榴取出石榴籽。
2. 苹果切片。
3. 锅内注油，倒入米饭炒匀。
4. 倒入椰子汁煮至沸腾，加入盐、鸡粉拌匀。
5. 将米饭盛入碗中待用。
6. 往米饭上摆上苹果片、熟杏仁，撒上石榴籽即可。

火腿香菇饭

功效

开胃

原料：

火腿肠 80 克，水发香菇 50 克，土豆 90 克，米饭 400 克，蒜末少许

调料：

盐 2 克，鸡粉 2 克，食用油适量

做法：

1. 火腿肠切片。
2. 土豆去皮切块。
3. 水发香菇切块。
4. 热锅注油，倒入蒜末爆香。
5. 倒入米饭炒散。
6. 倒入火腿肠、土豆，炒香。
7. 倒入香菇，炒匀。
8. 加入盐、鸡粉炒匀入味。
9. 关火后将米饭盛入碗中即可。

玉米鸡蛋炒饭

原料：

玉米粒 80 克，鸡蛋 1 个，米饭 400 克，火腿肠 30 克

调料：

盐 3 克，鸡粉 3 克，食用油适量

做法：

1. 火腿肠切丁。
2. 热锅注水，煮开后倒入玉米粒煮至断生。
3. 捞出煮好的食材待用。
4. 鸡蛋打入碗中，打散。
5. 热锅注油，倒入米饭，拍松散，炒约 1 分钟至米饭呈颗粒状。
6. 倒入鸡蛋液炒匀。
7. 倒入玉米粒，加入盐、鸡粉拌匀调味。
8. 关火后将炒好的米饭盛入碗中即可。

鸡蛋蔬菜三明治

原料：
原味吐司2片，生菜80克，西红柿片、胡萝卜片、黄瓜片各适量，鸡蛋1个，熟豆腐1片

调料：
色拉油、番茄酱、沙拉酱、黄奶油各适量

功效
补钙、补充蛋白质

做法：

1. 煎锅注入少许色拉油，打入鸡蛋，煎至成形。
2. 翻面，至其熟透后盛出。
3. 煎锅烧热，放入1片吐司，加入少许黄奶油，煎至金黄色。
4. 依此将另1片吐司煎至金黄色。
5. 在其中1片吐司上刷一层沙拉酱。
6. 放上荷包蛋，刷一层番茄酱。
7. 放上1片生菜叶，放上黄瓜片、西红柿片、胡萝卜片、豆腐片，再放上刷有番茄酱的另1片吐司，用蛋糕刀从中间切成两半即可。

蔬菜卷

原料：

春卷皮 100 克，生菜 70 克，牛油果 70 克，红椒 50 克，洋葱 60 克

做法：

1. 牛油果切块；洋葱切丝；生菜切块；红椒切块。
2. 锅内注入适量清水烧开，倒入洋葱、红椒、生菜煮至断生后捞出待用。
3. 取一张春卷皮，放入洋葱、红椒、生菜、牛油果卷好即可。

西红柿奶酪烤吐司

原料：
吐司 2 片，奶酪 60 克，西红柿半个，生菜 40 克

功效
开胃

做法：

1. 西红柿切片。
2. 往吐司上放上奶酪。
3. 把吐司装入烤盘，放入预热好的烤箱中。
4. 关上烤箱门，以上火 190℃、下火 190℃烤 15 分钟至熟。
5. 打开烤箱门，取出烤好的奶油吐司。
6. 将西红柿、生菜夹在吐司中，沿着对角线切成三角形即可。

美味比萨

原料：
芝士丁40克，高筋面粉200克，腊肠40克，青椒60克，鸡蛋1个，酵母少许

调料：
盐4克，白糖7克，黄奶油10克，沙拉酱10克，番茄酱、黑胡椒粉各适量

功效
开胃

做法：
1. 青椒切小粒；腊肠切小粒。
2. 高筋面粉倒入案台上，用刮板开窝。
3. 加入水、白糖，搅匀。
4. 加入酵母、盐，搅匀。
5. 打入鸡蛋，搅散。
6. 刮入高筋面粉，混合均匀。
7. 倒入黄奶油，混匀。
8. 将混合物搓揉至纯滑面团。
9. 取一半面团，用擀面杖均匀擀成圆饼状面皮。
10. 将面皮放入比萨圆盘中，稍加修整，使面皮与比萨圆盘完整贴合。
11. 用叉子在面皮上均匀地扎出小孔，理好的面皮放置常温下发酵1小时。
12. 发酵好的面皮上均匀撒入腊肠粒，撒上黑胡椒粉。
13. 倒入番茄酱，加入青椒粒。
14. 刷上沙拉酱。
15. 均匀铺上芝士丁，制成比萨生坯。
16. 预热烤箱，温度调至上、下火200℃。
17. 将装有比萨生坯的比萨圆盘放入预热好的烤箱中，烤10分钟至熟。
18. 取出烤好的比萨即可。

虾仁汤面

原料：

手工面 200 克，虾仁 60 克，葱段少许

调料：

盐 2 克，鸡粉 2 克，生抽 5 毫升

功效：补气补钙

做法：

1. 虾仁去掉虾线。
2. 取一碗，加入盐、鸡粉、生抽待用。
3. 锅内注入适量清水烧开，倒入手工面煮至熟软。
4. 将煮好的面汤盛入装有调味料的碗中。
5. 虾仁放入沸水中煮至变红捞出，放入面中，撒上葱段即可。

土豆沙拉

原料：

去皮土豆 300 克，沙拉酱 30 克，柴鱼片适量，葱花适量

功效

增强抵抗力

做法：

1. 去皮土豆切块。
2. 锅内注入适量清水烧开，倒入土豆块煮至断生。
3. 将土豆捞出待用。
4. 备好一个碗，倒入土豆块，挤上沙拉酱、柴鱼片、葱花充分拌匀。
5. 将拌匀的土豆盛入盘中即可。

小馒头配豆浆

原料：
面粉 500 克，泡打粉 5 克，水发黄豆 100 克，酵母适量

调料：
白糖适量、食用油少许

功效：保护肠胃

做法：

1. 往面粉中加入酵母，混匀后用刮板开窝。
2. 将泡打粉撒在面粉上，再加入白糖，加入适量清水拌匀。
3. 将面粉揉搓成光滑、有弹性的面团。
4. 取部分面团，用擀面杖擀成面片。
5. 将面皮对折，再用擀面杖擀平，反复操作 2 ~ 3 次，使面片均匀、光滑。
6. 将面皮卷起来，搓成均匀的长条，然后用刀切成数个大小相同的馒头生坯。
7. 取干净的蒸盘，刷上一层食用油，放上馒头生坯。
8. 把馒头生坯放入水温为 30℃的蒸锅中，盖上盖，发酵 30 分钟。
9. 待馒头生坯发酵好，用大火蒸 8 分钟。
10. 揭开锅盖，把蒸好的馒头取出待用。
11. 榨汁机中倒入水发好的黄豆，榨成豆浆。
12. 将豆浆煮沸后即可搭配馒头一起食用。

紫薯馒头

原料：
紫薯泥 100 克，椰浆 25 毫升，低筋面粉 500 克，酵母 5 克，泡打粉适量

调料：
白糖 20 克

功效
抗癌

做法：

1. 往备好的紫薯泥里加入白糖、椰浆，全部拌均匀，状态不可以过稀，可以捏成团的状态，制成紫薯馅。
2. 取一碗，倒入低筋面粉。
3. 往面粉中加入酵母，混匀后再用刮板开窝。
4. 将泡打粉洒在面粉上，再加入白糖，加入适量清水拌匀。
5. 将面粉揉搓成光滑、有弹性的面团。
6. 取部分面团，用擀面杖将面团擀成面皮。
7. 将面皮对折，再用擀面杖擀平，反复操作 2 ~ 3 次，使面片均匀、光滑。
8. 将面皮搓成长条，往面皮表面涂上适量的紫薯泥，然后用刀切成数个大小相同的馒头生坯。
9. 取剩下的面团，用擀面杖擀平，反复操作 2~3 次，使面皮均匀、光滑。
10. 将面皮包裹住裹有紫薯泥的面团，用刀切成数个大小相同的馒头生坯，再用刀表划上斜刀花。
11. 把馒头生坯放入水温为 30℃的蒸锅中，盖上盖，发酵 30 分钟。
12. 待馒头生坯发酵好，用大火蒸 8 分钟。
13. 揭开锅盖，把蒸好的馒头取出即可。

美味松饼

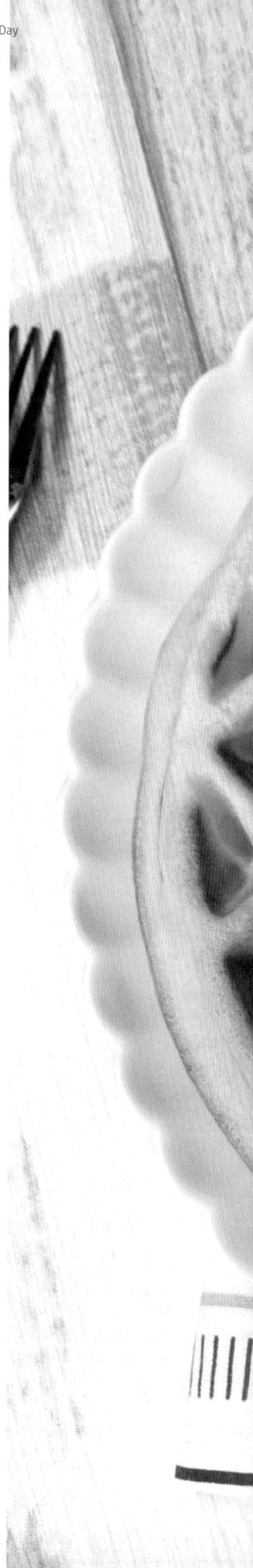

原料：
蛋黄 60 克，蛋白 60 克，低筋面粉 180 克，鲜牛奶 200 毫升、黄油、泡打粉各适量

调料：
白砂糖 20 克，盐适量

功效
全面补充营养

做法：

1. 取一个大容器，加入蛋白、白砂糖，用电动搅拌器打匀，将蛋白打发至呈鸡尾状。
2. 另备一个容器，倒入黄油、蛋黄，搅拌均匀。
3. 再加入低筋面粉，打匀，加入泡打粉、牛奶、盐，继续打匀。
4. 将打好的蛋白部分倒入蛋黄面糊中，用刮板搅拌均匀制成面糊。
5. 备好松饼机，温度调制 150℃先预热 2 分钟。
6. 将适量面糊倒入松饼机内，加热至开始冒泡。
7. 盖上松饼机盖，定时 3 分钟至松饼成型。
8. 掀开盖，将烤好的松饼翘起取出。
9. 将烤好的松饼装入盘中，分切好即可。

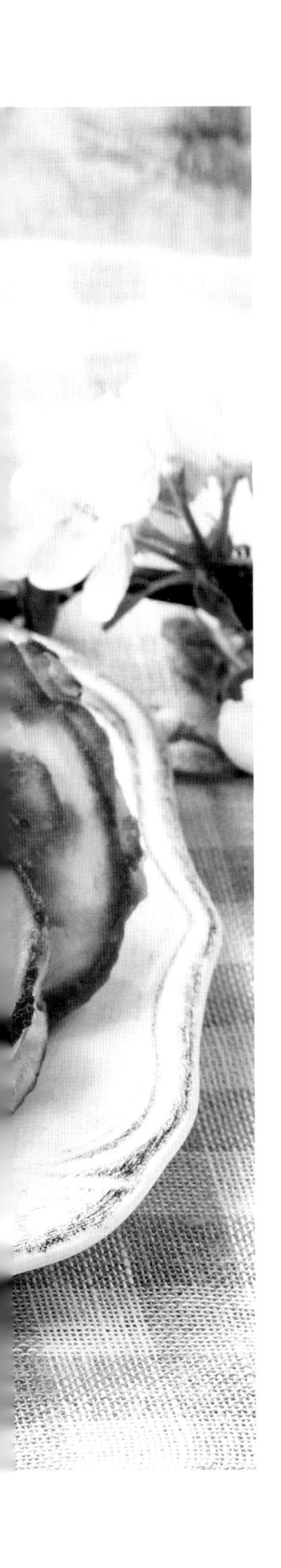

鸡蛋煎饼

原料：
面粉200克，鸡蛋2个，酵母、泡打粉各适量

调料：
白糖5克，食用油适量

功效
增强免疫力

做法：

1. 鸡蛋打入碗中，搅散待用。
2. 把面粉倒在案板上，开窝，放入酵母、泡打粉，拌匀。
3. 倒入少许温水，搅匀，加入白糖，一边注入温水，一边刮入周边的面粉。
4. 倒入鸡蛋液，搅拌匀，揉搓成光滑的面团。
5. 在案板上撒上适量面粉，把面团搓成长条形，再切成数个大小一致的剂子。
6. 将小剂子压成圆饼，制成饼坯。
7. 烧热炒锅，倒入适量食用油，烧至三四成热。
8. 转小火，下入备好的饼坯，转动炒锅，煎出香味。
9. 煎约3分钟至两面熟透，将饼盛入盘中即可。

牛肉煎饺

原料：
牛肉末 300 克，姜末适量，香菇末 80 克，高筋面粉 100 克，低筋面粉 150 克，淀粉适量

调料：
白糖 3 克，盐 3 克，鸡粉 3 克，食用油适量

功效
补中益气

做法：

1. 将高筋面粉、低筋面粉倒在操作台上，用刮板将材料拌匀，开窝。
2. 把温水倒在混合均匀的面粉上，用刮板慢慢搅拌。
3. 将冷水倒在面粉上，揉搓成纯滑的面团即可。
4. 将牛肉末、姜末、白糖、盐、鸡粉放入碗中，拌匀。
5. 倒入香菇末，拌匀，分三次倒入淀粉，并搅拌匀。
6. 倒入少许食用油，拌匀，制成馅。
7. 用刮板从备好的面团切一块，再揉搓成长条状，用手摘成约 10 克一个的小剂子。
8. 用擀面杖将小剂子擀成圆形薄饼，即成饺子皮。
9. 在饺子皮上放入适量的馅，将饺子皮对折捏紧，即成饺子生坯。
10. 将包好的饺子生坯放入蒸隔，用蒸锅大火蒸煮 5 分钟。
11. 揭盖，取出蒸好的饺子，装入盘中待用。
12. 煎锅中倒入适量食用油烧热，放入蒸好的饺子，煎至两面呈金黄色。
13. 将饺子装入盘中即可。

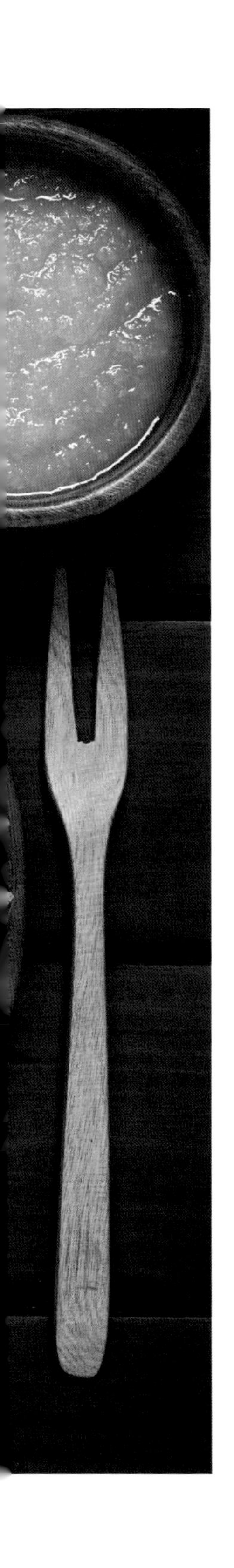

土豆煎饼

原料：
土豆 300 克，面粉 100 克，鸡蛋 1 个

调料：
盐 3 克，食用油、芝麻油各适量

功效
降血压

做法：
1. 洗净去皮的土豆切片，再切成丝。
2. 鸡蛋打入碗中，打散，备用。
3. 锅中注入适量清水烧开，放入少许盐，倒入土豆丝，略煮片刻。
4. 将土豆丝捞出，沥干水分，待用。
5. 将土豆丝装入碗中，倒入蛋液，放入面粉，搅拌匀。
6. 淋入芝麻油，拌匀，制成面糊。
7. 取一个干净的盘子，倒入少许食用油，放入面糊做成饼状。
8. 热锅注油，烧至六成热，放入土豆饼，炸至两面呈金黄色。
9. 将油炸好的土豆饼盛入盘中即可。

培根煎蛋

原料：
培根 60 克，鸡蛋 2 个，西红柿 50 克

调料：
盐 2 克，鸡粉 2 克，食用油适量

功效
增强免疫力

做法：

1. 西红柿切成瓣。
2. 热锅注油，打入鸡蛋，撒上盐、鸡粉，煎成荷包蛋。
3. 将煎好的荷包蛋盛入盘中待用。
4. 锅底留油，放入培根煎至两面微黄色后取出待用。
5. 备好一个盘，摆放上荷包蛋、培根、西红柿即可。

火腿三明治

原料：
原味吐司 2 片，生菜叶 1 片，西红柿片适量，火腿片 1 片，奶酪 1 片，鸡蛋 1 个，黄奶油适量

调料：
色拉油、沙拉酱各适量

功效
开胃

做法：

1. 煎锅注入少许色拉油，打入鸡蛋，煎至成型，翻面，至其熟透后盛出。
2. 锅中加少许色拉油，放入火腿片，煎至两面呈微黄色后盛出。
3. 煎锅烧热，放入一片吐司，加入少许黄奶油，煎至金黄色。
4. 依此将另一片吐司煎至金黄色。
5. 在其中一片吐司上刷一层沙拉酱。
6. 放上荷包蛋，刷一层沙拉酱，
7. 放上一片生菜叶，放上西红柿片、火腿片和奶酪片，再盖上另一片吐司即可。

美味意大利面

原料：
意大利面200克，炸鸡块100克

调料：
盐2克，鸡粉2克，番茄酱20克，食用油适量，香料少许

功效
开胃消食

做法：

1. 锅内注入适量清水烧开，倒入意大利面煮至熟软。
2. 将意大利面捞出盛入盘中。
3. 热锅注油，倒入意大利面炒匀。
4. 加入盐、鸡粉炒匀入味。
5. 将炒好的意大利面盛入盘中，摆放上炸鸡块，挤上番茄酱，撒上香料即可。

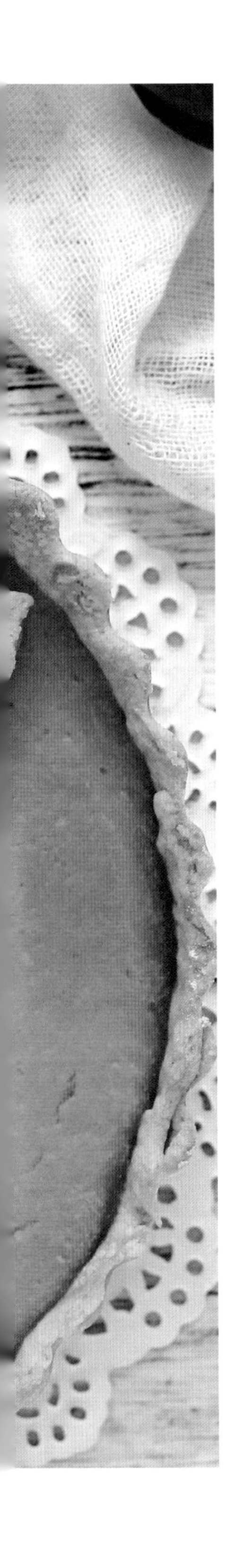

南瓜派

原料：
南瓜 300 克，黄油 60 克，鸡蛋 4 个，低筋面粉 125 克，淡奶油适量

调料：
糖粉 30 克，白砂糖 20 克

功效
健脾养胃

做法：
1. 南瓜切成小块。
2. 黄油切小块
3. 将南瓜放入蒸烤箱，温度调为 100℃蒸 30 分钟。
4. 往黄油中加入糖粉、低筋面粉，搅拌匀。
5. 加入 2 个蛋黄，搅拌成光滑的面团。
6. 将面团用保鲜膜包裹好，放入冰箱冷藏 30 分钟。
7. 将蒸熟的南瓜取出，去皮压成南瓜泥。
8. 往南瓜泥中加入白砂糖，搅拌均匀，加入 1 个鸡蛋和 1 个蛋黄搅拌均匀。
9. 加入淡奶油搅拌均匀，制成南瓜馅。
10. 面团从冰箱拿出后擀成 0.5 厘米厚的圆形面皮，放在派盘中待用。
11. 用叉子在饼皮底部插一些小洞，防止派皮受热膨胀鼓起。
12. 将南瓜馅倒入派皮中至九分满。
13. 烤箱预热至 180℃，将南瓜派生坯放在中层，用 180℃的温度烤 10 分钟，用 150℃的温度再烤 30 分钟。
14. 待南瓜派冷却后放入冰箱冷藏 20 分钟后再取出，放上饼干做装饰即可。

美味春卷

原料：
黄豆芽 80 克，香菇 60 克，胡萝卜 90 克，肉末 150 克，春卷皮 200 克

调料：
盐 3 克，鸡粉 3 克，白糖 2 克，料酒 5 毫升，生抽 5 毫升，芝麻油 5 毫升，老抽 5 毫升，水淀粉适量，食用油适量

功效
降低胆固醇

做法：
1. 洗净的黄豆芽切成两段；洗好的香菇切片，改切成丝；洗净去皮的胡萝卜切片，改切成丝。
2. 锅中注入适量清水烧开，加入少许食用油，放入切好的香菇、胡萝卜，搅匀，煮 1 分 30 秒，加入黄豆芽，略煮片刻。
3. 捞出焯好的胡萝卜、香菇和黄豆芽，沥干水分，备用。
4. 用油起锅，放入肉末，倒入焯好的食材，炒匀。
5. 加入盐、鸡粉、白糖，淋入料酒、生抽、老抽，炒匀。
6. 倒入适量水淀粉，翻炒片刻，加入芝麻油，炒匀，盛出锅中食材，待用。
7. 取适量炒好的食材，放入春卷皮中，做成若干的春卷坯。
8. 热锅注油烧至七成热，倒入春卷坯，油炸至金黄色后捞出。
9. 将油炸好的春卷摆放在盘中即可。

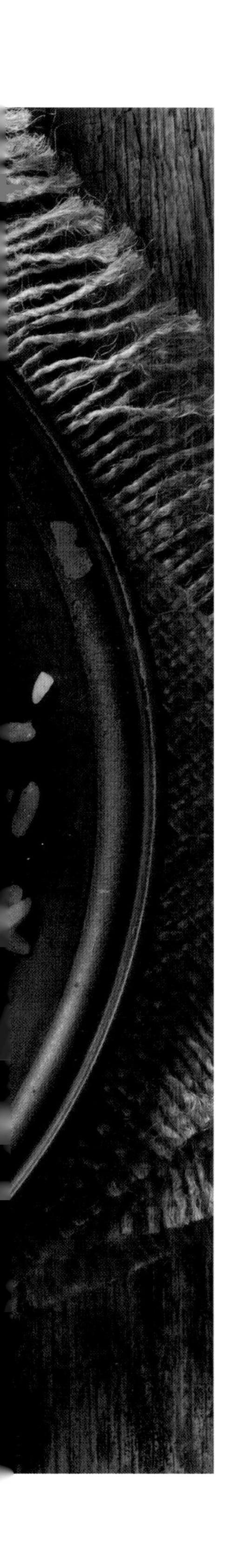

猪肉咖喱炒饭

原料：
猪瘦肉 100 克，咖喱膏适量，米饭 350 克，胡萝卜 30 克

调料：
盐 3 克，鸡粉 3 克，食用油适量

功效
开胃

做法：
1. 将去皮洗净的胡萝卜切成片，改切丝。
2. 洗净的瘦肉切块。
3. 用油起锅，倒入瘦肉块，炒至转色。
4. 倒入切好的胡萝卜翻炒均匀。
5. 放入米饭，拍松散，炒约 1 分钟至米饭呈颗粒状。
6. 倒入适量咖喱膏，炒匀。
7. 加鸡粉、盐，炒匀调味。
8. 把炒饭盛出装盘即可。

银耳莲子枸杞羹

原料：
水发银耳 30 克，水发莲子 25 克，枸杞适量

调料：
冰糖 20 克

功效
清热解毒

做法：
1. 锅中倒入适量的清水烧开。
2. 倒入切好的银耳，再加入洗净的莲子，搅拌片刻，盖上锅盖，烧开后用中火煮 30 分钟至食材熟软。
3. 揭开锅盖，倒入备好的枸杞，稍煮一会儿。
4. 倒入冰糖，搅匀，煮至完全溶化。
5. 将煮好的甜汤盛出，装入碗中，待稍微放凉即可食用。

鱼丸肉饺方便面

原料：
肉饺 2 个，鱼丸 2 个，方便面面饼 1 块，红椒 20 克，葱花适量

调料：
盐 3 克，鸡粉 3 克，生抽、食用油各适量

功效
增强免疫力

做法：

1. 红椒切丝。
2. 蒸锅注水烧开，放入肉饺，盖上盖，用大火蒸约 4 分钟至熟。
3. 揭盖，将蒸好的饺子取出待用。
4. 锅内注水烧开，放入方便面、鱼丸，煮至熟软。
5. 将方便面、鱼丸取出，盛入碗中。
6. 往方便面中加入适量食用油、盐、鸡粉、生抽，拌匀。
7. 盛入适量汤汁，放上蒸饺、红椒丝，撒上葱花即可。

油煎馅饼

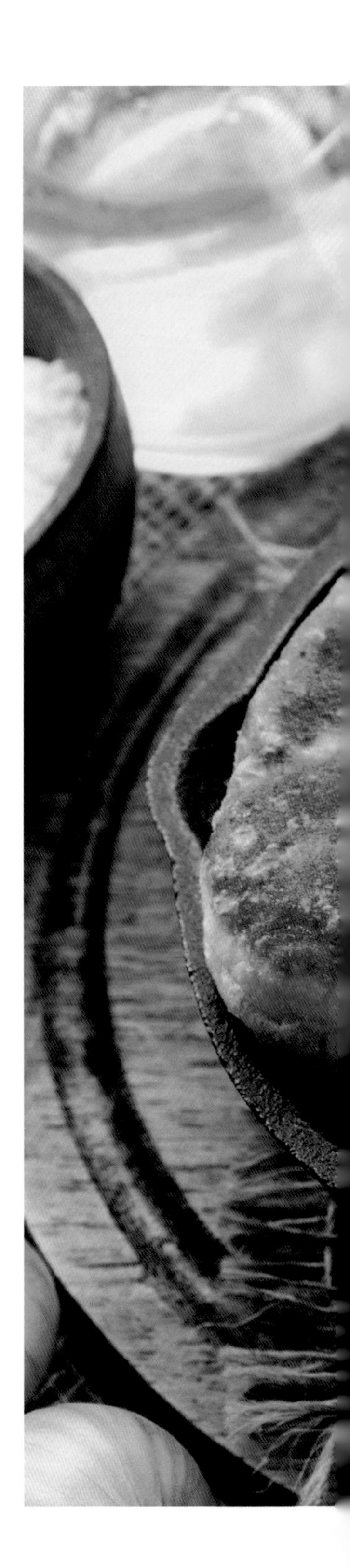

原料：
肉末 100 克，面粉 200 克，酵母 5 克，泡打粉 5 克

调料：
盐 3 克，鸡粉 3 克，生抽 5 毫升，水淀粉适量，食用油适量

功效
增强免疫力

做法：
1. 往肉末中加入盐、鸡粉、生抽，以及水淀粉拌匀。
2. 把面粉倒在案板上，开窝，放入酵母、泡打粉，拌匀。
3. 一边注入温水，一边刮入周边的面粉，搅拌匀，揉搓成光滑的面团。
4. 取一块干净的毛巾，覆盖在面团上，静置、发酵约 10 分钟。
5. 撤去毛巾，在案板上撒上适量面粉，把面团搓成长条形，再分切成数个小剂子。
6. 将小剂子压成圆饼，用擀面杖擀成若干面皮，将适量的肉末包在面皮里，待用。
7. 烧热炒锅，倒入食用油，烧至六成热，放入馅饼生坯油炸至金黄色。
8. 捞出油炸好的馅饼，盛入盘中即可。

PART 2

简易营养午餐
Simple Nutritional Lunch

虾仁蔬菜便当

原料：
虾仁 70 克，黄瓜 50 克，熟米饭 90 克，麻团 2 个，海苔 10 克，秋葵 40 克，西蓝花 20 克

调料：
盐 2 克，鸡粉 2 克，生抽 5 毫升，食用油适量

功效：
增强免疫力

做法：

1. 黄瓜雕刻成花状。
2. 虾仁去掉虾线。
3. 秋葵切块。
4. 海苔切成长条。
4. 热锅注油，倒入虾仁炒至变色。
5. 加入盐、鸡粉、生抽炒匀入味。
6. 将炒好的虾仁盛入盘中待用。
7. 锅内注水烧开，倒入西蓝花、秋葵煮至断生后捞出待用。
8. 米饭捏成饭团，用海苔条包好待用。
9. 将以上食材摆放在备好的便当盒中即可。

彩色便当

原料：
鱼肉 1 块，炸鸡块 1 块，米饭 200 克，菠菜 30 克，虾仁 20 克，西柚 30 克，猕猴桃 30 克，圣女果 1 颗，橙子 50 克

功效
补充维生素

做法：
1. 锅内注入适量清水烧开，倒入虾仁煮至变色后捞出待用。
2. 往沸水中倒入菠菜，煮至断生后捞出待用。
3. 往备好的米饭上摆上准备好的食材即可。

午餐肉便当

原料：
米饭 200 克，午餐肉 50 克，炸鸡块 1 块，圣女果 1 颗，黑芝麻适量

原料：
食用油适量

功效
开胃

做法：
1. 圣女果对半切开。
2. 午餐肉切薄片。
3. 热锅注油，放入午餐肉煎至两面微黄后捞出待用。
4. 往备好的便当盒中放入熟米饭，撒上黑芝麻，再放入午餐肉、炸鸡块、圣女果即可。

炸鸡排便当

原料：
鸡肉 300 克，鸡蛋 2 个，米饭 500克，面粉 80 克，面包粉 70 克，香菜碎适量

调料：
黑胡椒粉 4 克，盐 4 克，食用油适量，番茄酱适量

功效
增强免疫力

做法：
1. 鸡肉拍松散，抹上黑胡椒粉和盐，待用。
2. 鸡蛋打入玻璃碗中，用打蛋器打散。
3. 鸡肉依次裹上面粉、鸡蛋液和面包粉，待用。
4. 热锅注油，烧至七成热，放入鸡肉，用大火炸半分钟后改用小火炸半分钟。
5. 将炸好的鸡肉切小块。
6. 锅底留油，倒入鸡蛋液，煎至两面金黄色。
7. 取出煎好的鸡蛋，待冷却后卷成卷，切圈。
8. 将鸡肉块、鸡蛋卷摆放在米饭上，撒上香菜碎，食用时可以蘸上番茄酱。

黑椒鸡肉便当

原料：
鸡胸肉 200 克，黑椒粒 10 克，米饭 300 克，黄瓜、柿子椒、圣女果、青豆、海苔各适量

调料：
盐 3 克，鸡粉 3 克，食用油适量

功效
增强免疫力

做法：

1. 往鸡胸肉中加入盐、鸡粉、黑椒粒，涂抹均匀腌制至入味。
2. 腌制好的鸡胸肉抹上面包糠，待用。
3. 热锅注油烧至七成热，放入鸡胸肉，炸至两面呈金黄色。
4. 将鸡肉捞出，稍微冷却后切段，摆放在备好的米饭上。
5. 黄瓜切花刀；圣女果洗净；青豆、柿子椒分别洗净入沸水锅中汆烫至熟；以上食材依次摆在米饭上，最后撒上海苔即可。

鸡肉西蓝花便当

原料：

鸡胸肉 200 克，西蓝花 80 克，豌豆 30 克，水发小米 150 克，红椒 30 克

调料：

盐 3 克，鸡粉 3 克，胡椒粉 2 克，橄榄油适量

功效

健胃消食

做法：

1. 鸡胸肉切块；西蓝花切块；红椒切块。
2. 锅内注水烧开，倒入鸡胸肉，煮至变白色。
3. 捞出鸡胸肉，冷却后切成块。
4. 西蓝花放入沸水中煮至断生后捞出待用。
5. 备好一个碗，放入鸡胸肉块，放入盐、鸡粉、胡椒粉、橄榄油拌匀。
6. 备好碗，倒入小米、豌豆、红椒拌匀待用。
7. 蒸锅注水，放入小米，调至中火蒸 30 分钟。
8. 揭盖，将蒸好的小米盛出摆放在备好的便当盒中，摆放好鸡胸肉和西蓝花即可。

五彩便当

原料：

圣女果 100 克，菠萝 90 克，豌豆 90 克，紫甘蓝 70 克，鱼饼 90 克，熟米饭适量

功效

开胃

做法：

1. 圣女果对半切开。
2. 紫甘蓝切丝。
3. 菠萝切块。
4. 鱼饼切块。
5. 锅内注入适量清水烧开，倒入豌豆、紫甘蓝煮至断生。
6. 将豌豆捞出待用。
7. 往便当盒中放入以上这些食材即可。

小熊便当

原料：
西蓝花 80 克，生菜 60 克，海苔适量，胡萝卜 50 克，火腿肠 100 克，米饭 200 克

调料：
食用油适量

功效
开胃

做法：
1. 西蓝花切成小朵。
2. 胡萝卜切成小块。
3. 火腿肠切段，在一端划上刀花。
4. 热锅注油，放入火腿肠煎至微黄色，取出待用。
5. 锅内注水烧开，倒入西蓝花、胡萝卜、生菜煮至断生后捞出。
6. 用适量海苔剪成小熊的眼睛、鼻子等，待用。
7. 将米饭捏成小熊状饭团，用海苔装饰。
8. 将所有食材完整摆放在备好的便当盒里即可。

可爱造型便当

原料：
米饭 100 克，海苔 5 克，小火腿肠 50 克，午餐肉 50 克，鸡胸肉 80 克，去皮胡萝卜 30 克

调料：
盐 3 克，鸡粉 3 克，生抽适量，食用油适量

功效
防癌抗癌

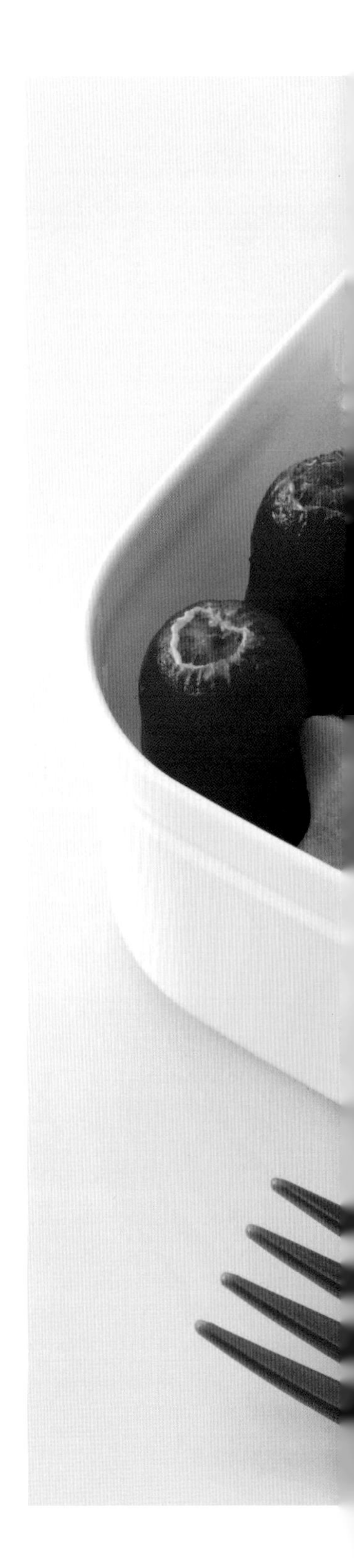

做法：
1. 胡萝卜用模具印制成花状；午餐肉切片。
2. 取适量海苔做成小圆形等。
3. 鸡胸肉切块，加盐、鸡粉、生抽腌制片刻。
4. 米饭做成动物形状，用海苔做好的小配件粘在饭团上待用。
5. 锅内注水烧开，倒入胡萝卜片煮至断生后捞出待用。
6. 热锅注入适量油，烧至七成热，倒入鸡胸肉、火腿肠，炸至金黄色后捞出。
7. 将备好的上述食材摆放在便当中即可。

肉末蛋卷便当

原料：
鸡蛋 3 个，肉末 90 克，胡萝卜 80 克，生菜适量

调料：
盐 3 克，鸡粉 3 克，生抽 5 毫升，食用油适量

做法：

1. 胡萝卜切丝。
2. 往肉末中加入盐、鸡粉、生抽拌匀。
3. 鸡蛋打入碗中，搅散待用。
4. 锅内注水烧开，倒入胡萝卜丝，煮至断生后捞出待用。
5. 热锅注油，倒入蛋液，煎成蛋皮。
6. 煎好的蛋皮冷却后，往其中放入胡萝卜、肉末，卷成卷。
7. 将鸡蛋卷切成等长的小卷。
8. 备好一个便当盒，摆放上鸡蛋卷、生菜即可。

红烧肉

原料：
五花肉 300 克，八角 5 颗，香叶 3 片、草果 3 颗，干辣椒 10 克，姜块、葱白各适量

调料：
盐 4 克，食用油适量，料酒 10 毫升，老抽 10 毫升，生抽 10 毫升，冰糖 10 克

功效
补肾养血、滋阴润燥

做法：
1. 五花肉洗净后放料酒，浸泡 1 小时，捞出来沥干。
2. 带皮姜块切成片，洗净的葱白切成段，干辣椒切成小段。
3. 沥干水分的五花肉切成大小均匀的块状，待用。
4. 锅里，放入食用油，放入八角、香叶、草果，炒出香味。
5. 放入五花肉块，煸炒到微黄。
6. 放入姜片、干辣椒、葱白，翻炒均匀。
7. 放入老抽、生抽炒匀，再倒入适量清水，加入盐，翻炒至入味，放入冰糖，盖上锅盖，小火煨 30 分钟。
8. 待五花肉煨到酥烂，用大火收汁，使汤汁均匀裹在肉上。
9. 将烹制好的菜肴盛入备好的碗中即可。

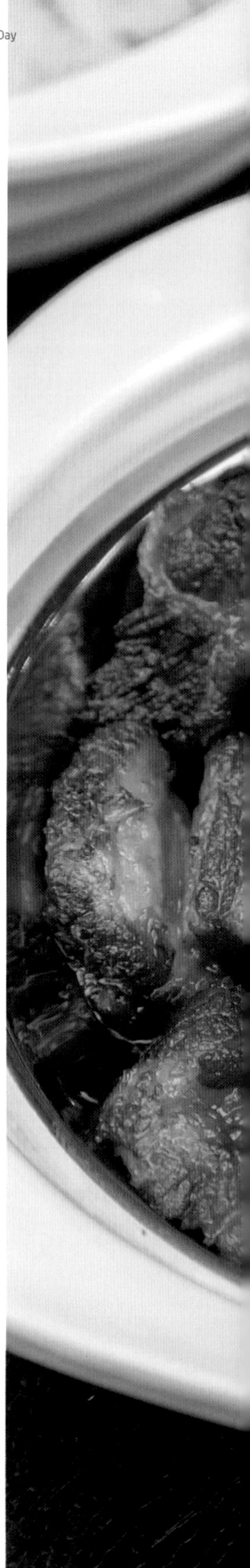

香辣鸡腿

原料：

鸡腿 300 克，蒜头、葱结、香菜、干辣椒各适量

调料：

盐 3 克，鸡粉 3 克，白糖 3 克，老抽 5 毫升，生抽 5 毫升，食用油适量

功效

益气补血

做法：

1. 汤锅置于火上，倒入约 2500 毫升清水，放入洗净的鸡腿，用大火煮沸。
2. 揭开盖，撇去汤中浮沫。
3. 再盖好盖，小火熬煮约 1 小时。
4. 取下锅盖，捞出鸡腿待用。
5. 炒锅烧热，注入少许食用油，倒入蒜头、葱结、香菜、干辣椒大火爆香。
6. 放入白糖，翻炒至白糖溶化。
7. 倒入鸡腿炒至上色。
8. 加入适量清水，煮至沸腾。
9. 加入盐、生抽、老抽、鸡粉，拌匀。
10. 关火，将煮好的鸡腿盛入盘中即可。

香煎豆腐

原料：

豆腐 100 克，葱花适量

调料：

盐 2 克，鸡粉 2 克，辣椒粉、食用油各适量

功效：防止血管硬化

做法：

1. 豆腐切成同等大小的方块。
2. 热锅注油，放入豆腐块，煎至两面微黄色。
3. 撒上盐、鸡粉、辣椒粉拌匀，继续撒上葱花拌匀。
4. 关火后将食材盛入碗中即可。

小炒黄牛肉

原料：
黄牛肉 200 克，青尖椒 100 克，红尖椒 100 克，蒜片、姜片各 10 克

调料：
十三香 3 克，酱油 10 毫升，淀粉 5 克，小苏打 3 克，料酒 4 毫升，蚝油 10 毫升，盐 3 克，鸡精 3 克，食用油适量

做法：
1. 将黄牛肉洗净，切成薄片。
2. 在牛肉中加入淀粉、小苏打、盐、料酒、食用油拌匀，腌制 15 分钟。
3. 青尖椒、红尖椒洗净，切细圈。
4. 锅烧热，放入食用油，放入牛肉片炒至变色，捞出沥干油。
5. 锅内留油，放入蒜片、姜片炒香，再放入青、红椒圈炒香。
6. 将牛肉倒入锅中，翻炒匀，加十三香、酱油、蚝油、鸡精、盐炒匀即可盛出。

烤鸡翅

原料：
鸡翅 300 克，姜片、蒜末、葱段各适量

调料：
料酒、生抽各 5 毫升，老抽 3 毫升，豆瓣酱 5 克，盐、鸡粉各 3 克，淀粉、味精、食用油各适量

功效
增强体质

做法：
1. 鸡翅盛入碗中，加少许料酒、盐、鸡粉、生抽，拌匀，再加淀粉拌匀，腌制 15 分钟。
2. 热锅注油，烧至五成热，倒入鸡翅，炸约 1 分钟。
3. 把炸好的鸡翅捞出，沥干油，待用。
4. 锅底留油，倒入姜片、蒜末、葱段爆香。
5. 淋入料酒，加入老抽、豆瓣酱炒匀。
6. 加少许清水，加盐、鸡粉、味精，炒匀调味。
7. 关火，将炒好的鸡翅盛入盘中即可。

西红柿肉末

原料：

肉末 100 克，西红柿 80 克

调料：

盐 3 克，鸡粉 3 克，料酒 10 毫升，生抽适量，水淀粉适量，食用油适量

做法：

1. 洗净的西红柿切小瓣，再切成丁。
2. 用油起锅，倒入肉末，翻炒匀。
3. 淋入料酒，炒香、炒透，再倒入生抽。
4. 加入盐、鸡粉，炒匀调味。
5. 放入切好的西红柿，翻炒匀。
6. 倒入适量水淀粉勾芡。
7. 将炒好的菜肴盛放在碗中即可。

功效

降低胆固醇

茶树菇炒鸭丝

原料：

茶树菇 100 克，鸭肉 150 克，青椒、红椒各适量

调料：

盐、味精各 3 克，料酒、酱油、芝麻油各 10 毫升，食用油适量

做法：

1. 鸭肉洗净，切丝，加盐、料酒、酱油腌制片刻；茶树菇泡发，洗净，切去老根；青椒、红椒均洗净，切丝。
2. 油锅烧热，下鸭肉煸炒，再入茶树菇翻炒。
3. 放入青椒、红椒，翻炒至熟。
4. 出锅前调入味精炒匀，淋入芝麻油即可。

糖醋鱼块酱瓜粒

原料：
鱼块 300 克，鸡蛋 1 个，黄瓜 40 克

调料：
盐 3 克，鸡粉 3 克，白糖 3 克，番茄酱 10 克，淀粉适量，水淀粉适量，食用油适量

功效
健脾

做法：
1. 黄瓜切丁。
2. 把鸡蛋打入碗中，撒上适量淀粉，加入少许盐，搅散，注入适量清水，拌匀。
3. 将鱼块放入鸡蛋液中，搅拌匀。
4. 热锅注油，烧至四五成热，放入鱼块，搅匀，用小火炸约 3 分钟，至食材熟透。
5. 捞出鱼块，沥干油，待用。
6. 锅中注入适量清水烧热，加入少许盐、鸡粉，撒上白糖，拌匀。
7. 倒入番茄酱，快速搅拌匀。
8. 加入水淀粉，调成浓稠的酸甜汁，待用。
9. 取一个盘子，盛入炸熟的鱼片，浇上酸甜汁，撒上黄瓜丁即可。

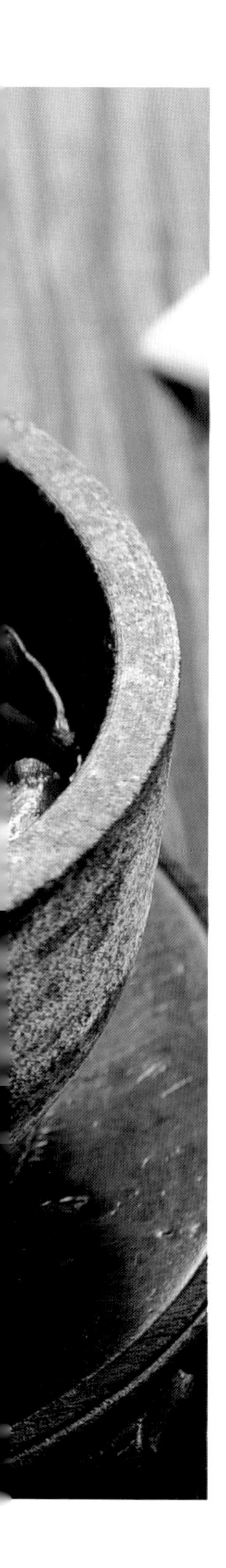

石锅肥肠鸡

原料：
肥肠200克，鸡肉200克，红椒、青椒各20克，姜片、蒜末、蒜段各5克，卤水1000毫升

调料：
盐、味精各5克，食用油适量

功效：
润燥补虚、益气养血

做法：

1. 鸡肉洗净切块，入沸水锅中汆去血水，捞出待用。
2. 青椒、红椒洗净，切块。
3. 将肥肠处理干净，入沸水锅中汆水后冲洗干净，放入卤水中，中火卤制1小时后取出，切成段。
4. 锅中注入适量油，烧至六成热，放入肥肠略炸，上色后捞出沥油。
5. 锅留底油，放入红椒、青椒、姜片、蒜末大火煸香，加入鸡块、肥肠、蒜段大火翻炒。
6. 加水没过食材，大火烧开后小火炖煮15~20分钟。
7. 加盐、味精调味，出锅装入烧热的石锅即可。

家常拌土鸡

原料：

光鸡半只，大葱白 1 根，葱段少许

调料：

盐 2 克，辣椒酱 50 克，料酒 10 毫升

做法：

1. 大葱白切小段；鸡肉斩小块。
2. 把鸡块放入凉水锅里，加料酒煮开，转中小火煮 15 分钟至熟透，捞出，冲洗干净，晾干水分。
3. 将葱白和鸡块装入碗里，加盐、辣椒酱拌匀。
4. 将拌好的鸡块装入盘中，撒上葱段即可。

干锅酸菜土豆片

原料：

土豆500克，瘦肉300克，酸菜100克，朝天椒2根，姜片20克，葱花、葱段各少许

调料：

盐2克，生抽20毫升，料酒15毫升，淀粉10克

做法：

1. 土豆去皮洗净，切片；瘦肉洗净切片；朝天椒洗净切圈。
2. 瘦肉加少许料酒、生抽、淀粉拌匀，腌制10分钟。
3. 起油锅，放入姜片炒香，加入瘦肉炒至变色，淋入料酒、生抽炒匀。
4. 加入土豆片、酸菜、朝天椒，炒至熟软，放盐炒匀调味。
5. 盛出炒好的食材装入干锅里，撒上葱花、葱段即可。

毛氏红烧肉

原料：
五花肉 300 克，西蓝花 100 克，蒜片若干，八角 3 颗、桂皮 1 片、草果 2 颗，姜片适量

调料：
白糖 10 克，盐 4 克，鸡粉 3 克，料酒 8 毫升，豆瓣酱 10 克，老抽 5 毫升，食用油适量，白酒少许

功效
降血压、降血脂

做法：

1. 锅中注水，放入洗净的五花肉，盖上盖，大火煮约 5 分钟去除血水。
2. 揭盖，捞出五花肉切成 3 厘米的方块，修平整。
3. 洗净的西蓝花切成朵，放入沸水中煮至断生，捞出待用。
4. 炒锅注油烧热，加入白糖，炒至溶化。
5. 倒入八角、桂皮、草果、姜片爆香，再倒入蒜片，炒匀。
6. 放入五花肉块，炒片刻。
7. 淋入料酒，倒入豆瓣酱炒匀，加盐、鸡粉、老抽炒至入味。
8. 淋入少许白酒，盖上盖，小火焖 40 分钟至食材熟软。
9. 揭盖，转大火，翻炒片刻后关火，将西蓝花摆入盘内，摆放上红烧肉即可。

腊味腰豆

原料：

红腰豆 300 克，腊肉 100 克，朝天椒 2 根，青椒 20 克，鸡蛋清适量，蒜片适量

调料：

淀粉适量，盐 2 克，鸡粉 2 克，食用油适量

功效

补血益气

做法：

1. 将腊肉切成丁；朝天椒、青椒均切段。
2. 往鸡蛋清中倒入适量淀粉，将红腰豆倒入其中，拌匀，使红腰豆充分裹上淀粉。
3. 热锅注油，倒入红腰豆，炸至表面金黄色。
4. 捞出炸好的红腰豆待用。
5. 锅内留油，放入蒜片爆香，倒入腊肉丁翻炒至微微透明。
6. 倒入朝天椒、青椒翻炒均匀。
7. 放入盐、鸡粉，炒匀。
8. 关火，将炒好的食材盛出装入盘中即可。

醋香猪手

原料：

猪手1只，朝天椒5根，姜片20克，姜末、葱花少许

调料：

盐3克，生抽20毫升，陈醋5毫升

做法：

1. 朝天椒切圈。
2. 猪手洗净，切块，放入电压力锅中，加适量清水，放入姜片，加少许盐，加盖焖40分钟。
3. 把焖好的猪手取出，凉凉，码放入碗中。朝天椒切圈。
4. 将姜末与调料混合均匀，制成凉拌汁。
5. 将凉拌汁浇在猪手上，放上朝天椒，再撒上葱花即可。

花生仁菠菜

原料：

菠菜 270 克，花生仁 30 克，辣酱适量

调料：

鸡粉 2 克，盐 3 克，食用油 20 毫升

做法：

1. 洗净的菠菜切成三段。
2. 冷锅中倒入适量的油，放入花生仁，用小火翻炒至香味飘出。
3. 关火后盛出炒好的花生仁，装碟待用。
4. 锅留底油，倒入切好的菠菜，用大火翻炒 2 分钟至熟。
5. 加入盐、鸡粉、辣酱，炒匀。
6. 关火后盛出炒好的菠菜，装盘，撒上花生仁即可。

麻婆牛肉豆腐

原料：

牛肉 50 克，豆腐 200 克，蒜叶 25 克

调料：

酱油 10 毫升，盐 3 克，花椒粉 2 克，豆豉 5 克，红辣椒油 5 毫升，芝麻油 5 毫升，豌豆淀粉 5 毫升

做法：

1. 将牛肉洗净，剁成肉末备用；将豆腐放在开水中煮 2 分钟，捞出沥干水分，切块；蒜叶洗净，切段。
2. 锅内倒入红辣椒油，用旺火烧热。
3. 放入牛肉末、花椒粉、酱油、豆豉翻炒片刻，再放入豆腐炒匀，加入适量清水，文火焖一会儿。
4. 待汤水很少时，放入淀粉，再放入蒜叶翻炒匀。
5. 撒上花椒粉、盐，淋入芝麻油拌匀即可。

鲍汁凤爪

原料：
鸡爪 500 克，蒜片、姜片各少许

调料：
鲍鱼汁 10 毫升，酱油、老抽各 2 毫升，米酒、食用油各适量

功效： 软化血管、美容

做法：

1. 鸡爪洗净，剪去指尖。
2. 锅中注入适量清水烧开，放入鸡爪汆去血水，捞起备用。
3. 锅中注油烧热，放入蒜片、姜片煸香。
4. 加入米酒、鲍鱼汁、酱油翻炒均匀。
5. 加入鸡爪，炒匀，盛入砂锅里，注入热水至淹没鸡爪，焖 20 分钟至食材熟透，加老抽调色收汁即可。

干烧辽参

功效

补气养血、延缓衰老

原料：

辽参 150 克，胡萝卜 30 克，上海青 50 克，肉粒 15 克，高汤适量，姜末、葱花、蒜末各少许

调料：

味精 2 克，芝麻油、花椒油各 3 毫升，盐 3 克，食用油适量

做法：

1. 将辽参洗净，放入盛有清水的容器中浸泡，泡至肉质松软脆嫩，切成长条状，放入锅内，加入高汤，置在火上煨好。
2. 胡萝卜洗净，切丁。
3. 上海青洗净，入开水锅中焯水，捞出摆在盘子的四周。
4. 锅内放油，烧至四成热，放入胡萝卜翻炸，再加入肉粒，并加入姜末、蒜末、味精，翻炒出香味。
5. 倒入煨好的辽参，滴入芝麻油、花椒油，放盐炒匀调味，盛入装有上海青的盘中，撒上葱花即可。

大枣桂圆鸡汤

原料：

鸡肉 400 克，桂圆肉 20 颗，大枣 20 颗

调料：

冰糖 5 克，盐 4 克，料酒 10 毫升，米酒 10 毫升

功效： 增强免疫力

做法：

1. 把洗净的土鸡肉切开，再斩成小块，放入盘中待用。
2. 锅中注入约 800 毫升清水烧开，倒入鸡块，再淋入少许料酒，拌煮约 1 分钟，氽去血渍，捞出、沥干水分，待用。
3. 砂锅中注入 900 毫升清水，用大火烧开。
4. 放入洗净的桂圆肉、大枣，倒入氽过水的鸡块，加入冰糖，淋入少许米酒，盖上盖子，煮沸后用小火煮约 40 分钟至食材熟透。
5. 取下盖子，调入少许盐，拌匀，续煮一会儿至食材入味。
6. 揭盖，将汤盛入汤碗中即成。

排骨莲藕汤

原料：

排骨 400 克，莲藕 200 克，玉竹 60 克，花生仁 60 克，姜片适量

调料：

盐 2 克，鸡粉 2 克

做法：

1. 排骨斩成块；莲藕切成块。
2. 锅内注水烧开，倒入排骨，汆去血水后捞出。
3. 取一砂锅，倒入姜片、排骨、莲藕、玉竹、花生仁，拌匀。
4. 盖上锅盖，大火煮开后转小火煮 1 小时。
5. 揭盖，加入盐、鸡粉拌匀调味。
6. 将煮好的汤汁盛入碗中即可。

山药玉米汤

原料：

玉米粒 70 克，去皮山药 150 克

调料：

盐 2 克，鸡粉 2 克，食用油适量

做法：

1. 锅中注入适量清水烧开，倒入玉米、山药拌匀。
2. 加盖，中火煮 15 分钟。
3. 揭盖，加入适量盐、鸡粉、食用油拌匀调味。
4. 关火后将汤汁盛入碗中即可。

鸡肉丸子汤

原料：
熟鸡胸肉 170 克，胡萝卜 40 克，菠菜 40 克

调料：
盐 3 克，鸡粉 3 克，黑胡椒粉 3 克，料酒 10 毫升，水淀粉适量

功效
增强免疫力

做法：
1. 熟鸡胸肉切成碎末。
2. 把鸡肉末倒入碗中，加入少许盐、鸡粉，放入黑胡椒粉、料酒，再注入水淀粉，快速拌匀，使肉质起劲。
3. 将鸡肉分成数个肉丸，整好形状，待用。
4. 锅置火上，注入适量清水，大火煮沸。
5. 倒入鸡肉丸，放入胡萝卜、菠菜，盖上盖，烧开后转小火煮约 10 分钟。
6. 揭盖，将食材盛入碗中即可。

冬瓜排骨汤

原料：

去皮冬瓜 200 克，排骨 500 克，姜适量

调料：

盐 3 克，鸡粉 3 克，胡椒粉 5 克，料酒适量

功效

清热祛暑

做法：

1. 将去皮洗净的冬瓜切长方块，装盘备用。
2. 洗净的排骨斩成段，装入盘中。
3. 锅中加适量清水，倒入排骨，大火加热煮沸，汆去血水。
4. 将汆好的排骨捞出，装盘备用。
5. 锅中另加适量清水烧开，倒入排骨，放入姜片，倒入切好的冬瓜。
6. 淋入少许料酒，加入适量盐、鸡粉、胡椒粉，加盖，小火炖 1 小时。
7. 揭盖，将汤料盛入碗中即可。

茄子焗豇豆

原料：

茄子 150 克，豇豆 100 克，蒜片若干，红椒少许

调料：

盐 2 克，鸡粉 2 克，食用油适量

做法：

1. 将洗净的茄子切成条；红椒切丝。
2. 将洗净的豇豆切成约 4 厘米长的段。
3. 炒锅注油，烧至五成热，倒入茄子炸至微黄色，捞出备用。
4. 放入豇豆，用锅铲不停地翻动，炸至微黄色，捞出备用。
5. 热锅留油，放入蒜片爆香。
6. 倒入茄子、豇豆、红椒，稍微翻炒。
7. 加入盐、鸡粉，炒均匀。
8. 盛出炒好的食材，放入电烤箱，焗 5 分钟即可取出。

巧手猪肝

原料：
猪肝 200 克，芹菜 50 克，红椒 20 克，青椒 50 克，姜片、蒜末各适量

调料：
盐 2 克，鸡粉 2 克，料酒 5 毫升，芝麻油 5 毫升，水淀粉适量，食用油适量

做法：
1. 将洗净的芹菜切成段；青椒、红椒均切成圈。
2. 将处理干净的猪肝切片，装入盘中，加入料酒、盐、鸡粉、水淀粉，拌匀。
3. 热锅注油，烧热，倒入猪肝炒匀。
4. 倒入芹菜、姜片、蒜末、红椒炒匀。
5. 加入盐、鸡粉、芝麻油炒至入味。
6. 用水淀粉勾芡收汁。
7. 关火，将炒好的猪肝盛入盘中即可。

蘑菇猪肚汤

原料：
蘑菇 70 克，猪大肠 300 克，姜片适量，水发枸杞 10 克

调料：
盐 3 克，鸡粉 3 克，料酒 10 毫升，食用油适量

功效
补血润燥

做法：

1. 蘑菇切块。
2. 锅中注入适量清水烧开，倒入洗净的猪肠，拌匀，加入适量料酒，用大火煮约 5 分钟，汆去异味。
3. 捞出猪大肠，放凉后将其切成小段，备用。
4. 用油起锅，放入姜片，爆香。
5. 倒入猪肠，炒匀，淋入料酒，炒香。
6. 注入适量热水，用大火煮沸，撇去浮沫。
7. 倒入蘑菇，盖上盖，用中火煮约 10 分钟至食材熟透。
8. 揭盖，加入盐、鸡粉、枸杞，拌匀后盛入碗中即可。

蔬菜小火锅

原料：
香菇 50 克，蟹味菇 60 克，豆腐 80 克，猪肉 70 克，去皮白萝卜 80 克，高汤 500 毫升，大葱 30 克

调料：
盐 3 克，鸡粉 3 克

功效
增强免疫力

做法：
1. 香菇切块；蟹味菇撕成小朵。
2. 白萝卜切块；大葱切段；猪肉切片；豆腐切块。
3. 锅内注入适量清水烧开，放入猪肉，汆去血水。
4. 将汆好的猪肉捞出待用。
5. 备好火锅，倒入高汤，加入适量盐、鸡粉拌匀调味。
6. 倒入所有备好的食材，加热片刻即可食用。

青椒炒猪血

原料：
青椒 80 克，猪血 300 克，姜片、蒜末各适量

调料：
盐 3 克，鸡粉 3 克，辣椒酱 5 克，食用油、水淀粉各适量

功效
增强免疫力

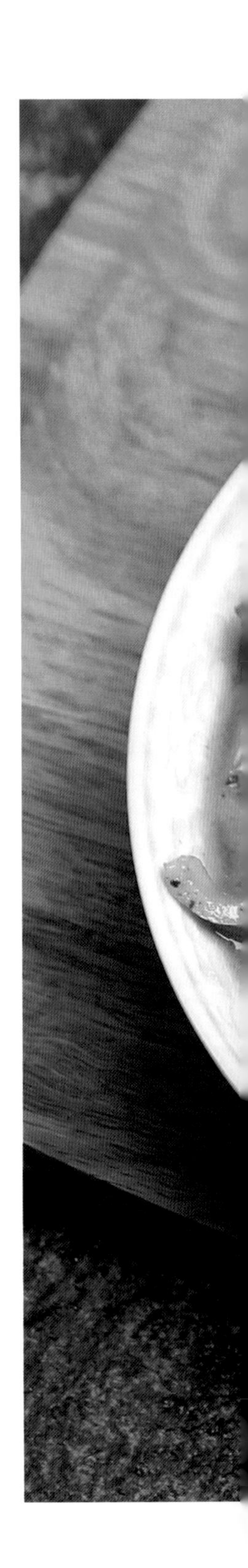

做法：
1. 青椒切块；猪血切成小方块。
2. 锅中加约 600 毫升清水烧开，加入少许盐。
3. 往猪血中倒入烧开的热水，浸泡 4 分钟。
4. 将浸泡好的猪血捞出装入另一个碗中，加入少许盐拌匀。
5. 用油起锅，倒入姜片、蒜末炒香。
6. 加少许清水，加辣椒酱、盐、鸡粉炒匀。
7. 倒入猪血，煮约 2 分钟至熟。
8. 倒入青椒，炒匀。
9. 加入水淀粉勾芡后将食材盛入盘中即可。

胡萝卜炒马蹄

原料：
去皮胡萝卜 80 克，去皮马蹄 150 克，葱段、蒜末、姜片各适量

调料：
蚝油 5 毫升，盐 3 克，鸡精 3 克，水淀粉适量，食用油适量

功效：
除湿利尿

做法：

1. 洗净的马蹄肉切成小块。
2. 去皮洗好的胡萝卜切成原片，再雕成花。
3. 锅中加 1000 毫升清水烧开，加入盐，倒入胡萝卜、马蹄，略煮至断生后捞出待用。
4. 用油起锅，倒入姜片、蒜末、葱段爆香。
5. 倒入胡萝卜、马蹄，拌炒匀。
6. 加入蚝油、盐、鸡精，拌炒约 1 分钟入味。
7. 加入少许水淀粉勾芡。
8. 将食材盛出装盘即可。

香辣虾

原料：
鲜虾 300 克，洋葱 50 克，青豆 50 克，姜片、葱段各适量

调料：
白糖 3 克，盐 3 克，鸡粉 3 克，陈醋 5 毫升，料酒 5 毫升，生抽 5 毫升，辣椒油 5 毫升，蒜蓉辣酱 10 克，食用油适量，水淀粉适量

功效
补钙

做法：
1. 洋葱切块，鲜虾去除虾线。
2. 热锅注油，倒入姜片、葱段，爆香。
3. 放入虾、洋葱、青豆炒匀。
4. 倒入蒜蓉辣酱，炒匀。
5. 加入料酒、生抽，注入适量清水。
6. 倒入盐、白糖、鸡粉、陈醋、水淀粉，翻炒至入味。
7. 加入辣椒油，翻炒片刻至熟。
8. 关火，将炒好的虾盛出装入碗中。

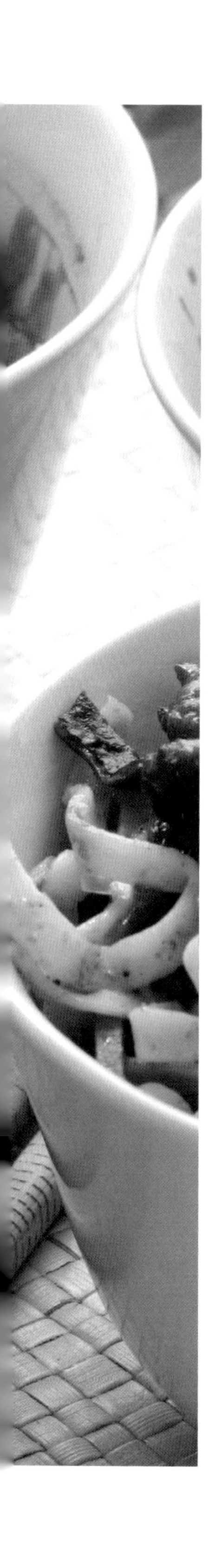

香焖牛肉

原料：

切好的牛肉200克，八角3颗，草果3颗，姜片、大蒜各适量

调料：

盐3克，生抽5毫升，黄豆酱5克，水淀粉、食用油各适量

功效

增强免疫力

做法：

1. 热锅注油烧热，倒入大蒜、姜片、八角、草果炒香。
2. 淋入少许生抽，翻炒均匀。
3. 倒入黄豆酱，翻炒上色。
4. 倒入切好的牛肉，注入少许清水，炒匀。
5. 加入少许盐，快速炒匀调味。
6. 盖上锅盖，煮开后转小火焖20分钟至熟软。
7. 揭盖，淋入少许水淀粉，翻炒片刻收汁。
8. 将炒好的牛肉盛出装入碗中即可。

鸡肉炒饭

原料：
鸡胸肉 90 克，米饭 300 克，豌豆 60 克，红椒 20 克，葱花适量

调料：
盐 2 克，鸡粉 2 克，食用油适量

功效
增强免疫力

做法：
1. 鸡胸肉切块；红椒切块。
2. 热锅注油，倒入鸡肉炒至变色，盛出，待用。
3. 将炒好的鸡肉取出待用。
4. 锅内注水烧开，倒入豌豆煮至断生，捞出，待用。
5. 捞出煮好的豌豆待用。
6. 热锅注油，倒入米饭炒散。
7. 倒入鸡肉、豌豆炒匀。
8. 加入盐、鸡粉炒至入味。
9. 倒入红椒炒匀，关火后将炒好的米饭盛入碗中，撒上葱花即可。

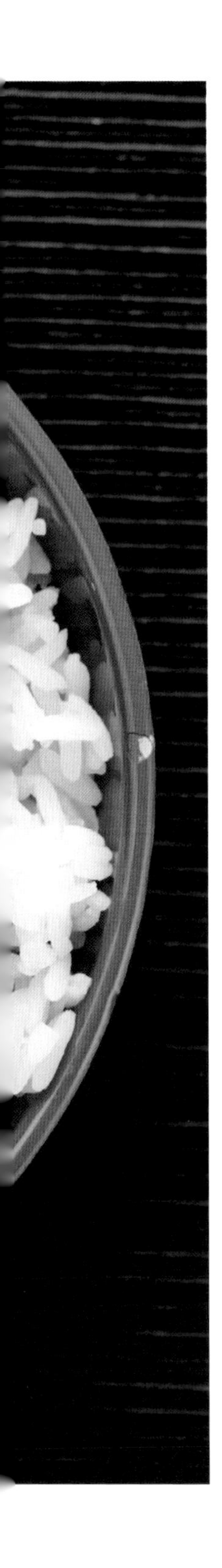

照烧鸡肉

原料：
鸡肉块 200 克，白芝麻 30 克，西蓝花 80 克，米饭 400 克，蒜末适量

调料：
料酒 5 毫升，盐 3 克，鸡粉 3 克，生抽 5 毫升，淀粉、老抽、食用油各适量

功效
增强免疫力

做法：

1. 往鸡肉块中加料酒、盐、鸡粉、生抽抓匀，再倒入少许淀粉拌匀，腌制 10 分钟入味。
2. 西蓝花切小朵后放入沸水锅中煮至断生，捞出，沥干水分，待用。
3. 锅中注油烧热，倒入鸡块，用锅铲搅散，炸约 1 分钟至熟透。
4. 锅底留少许油，倒入蒜末爆香。
5. 倒入鸡块炒匀。
6. 转小火，淋上料酒、老抽，撒上白芝麻，炒匀关火，待用。
7. 米饭盛入碗中，摆上西蓝花，再放上鸡肉块即可。

芝麻鸡肉饭

原料：
鸡肉块 200 克，白芝麻 30 克，米饭 400 克，蒜末适量，葱花适量

调料：
料酒 5 毫升，盐 3 克，鸡粉 3 克，生抽 5 毫升，淀粉、老抽、食用油各适量

功效 增强免疫力

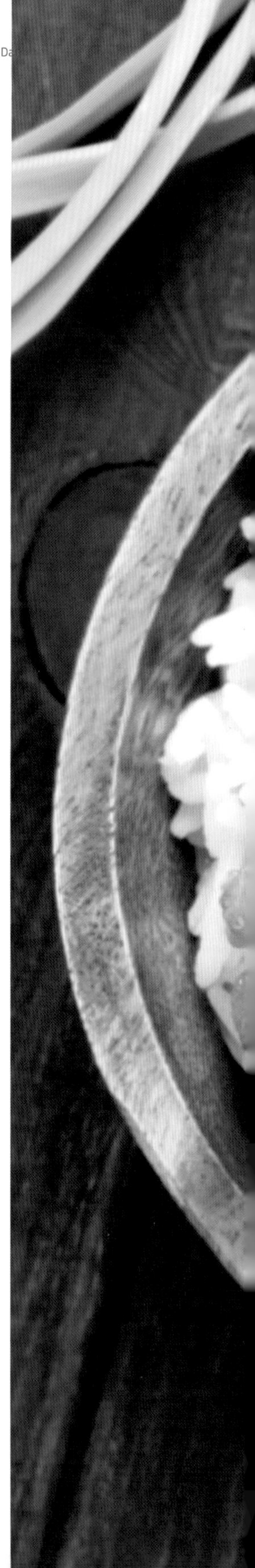

做法：

1. 往鸡肉中加料酒、盐、鸡粉、生抽抓匀。
2. 再倒入少许淀粉抓匀，腌制 10 分钟至入味。
3. 锅中注油烧热，倒入鸡块，用锅铲搅散，炸约 1 分钟至熟透，捞出，沥干油，待用。
4. 锅底留少许油，倒入蒜末爆香。
5. 倒入鸡块炒匀。
6. 转小火，淋上料酒、老抽，撒上白芝麻，炒匀。
7. 盛出炒好的鸡肉块，盖在备好的米饭上，撒上葱花即可。

咖喱方便面

原料：
熟鸡蛋 1 个，方便面面饼 1 块，咖喱膏 40 克，鱼饼 30 克，黄瓜 50 克，洋葱 50 克，葱花适量，蒜末适量

调料：
盐 3 克，鸡粉 3 克，食用油适量

功效
开胃

做法：
1. 熟鸡蛋对半切开；鱼饼切块；黄瓜切片；洋葱切块。
2. 锅内注水烧开，放入方便面煮至熟软后捞出待用。
3. 热锅注油，倒入蒜末爆香，接着倒入咖喱膏炒匀。
4. 倒入鱼饼、洋葱炒香，倒入方便面炒匀。
5. 加入盐、鸡粉炒匀入味。
6. 关火后将炒好的面盛入盘中，撒上葱花，摆上黄瓜、熟鸡蛋即可。

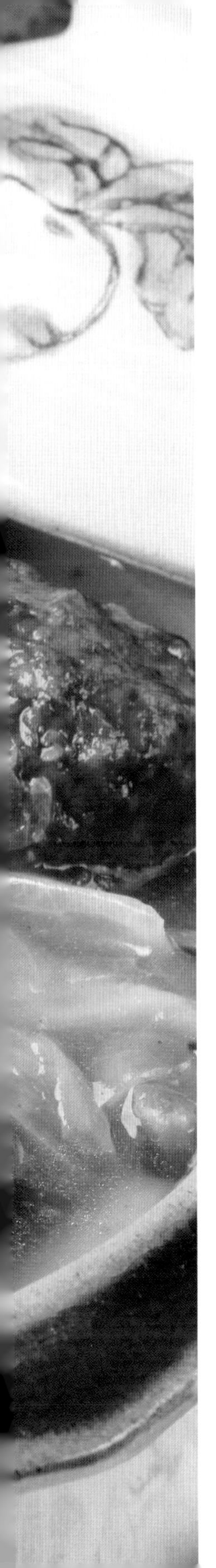

红烧狮子头

原料：
肉末300克，胡萝卜60克，娃娃菜50克，鸡蛋1个，马蹄肉100克，白萝卜50克，姜末、葱花各适量

调料：
盐3克，鸡粉3克，蚝油5毫升，生抽5毫升，料酒5毫升，淀粉适量，水淀粉适量，食用油适量

功效
增强免疫力

做法：

1. 洗好的马蹄肉切成碎末；胡萝卜、白萝卜切块。
2. 取一个碗，倒入备好的肉末，放入姜末、葱花、马蹄肉末，打入鸡蛋，拌匀。
3. 加入盐、鸡粉、料酒、淀粉，拌匀，待用。
4. 锅中注油烧至六成热，把拌匀的材料揉成肉丸，放入锅中，用小火炸4分钟至其呈金黄色，捞出，装盘备用。
5. 锅底留油，注入适量清水，加入盐、鸡粉、蚝油、生抽，放入炸好的肉丸，倒入胡萝卜块、白萝卜块、娃娃菜略煮一会儿至其入味。
6. 捞出食材，放入装有上的碗中，待用。
7. 锅内倒入水淀粉勾芡。
8. 关火后盛出芡汁，倒入碗中即可。

PART
3
健康快捷晚餐
Healthy Fast Dinner

宫保鸡丁饭

原料：
鸡胸肉300克，米饭300克，干辣椒5克，蒜头、葱段、姜片各适量

调料：
盐3克，鸡粉3克，料酒10毫升，淀粉适量，食用油适量

功效
开胃、增强免疫力

做法：
1. 洗净的鸡胸肉切1厘米厚的片，切条，切成丁。
2. 洗净的蒜头切成丁。
3. 鸡丁加少许盐，加鸡粉、料酒拌匀，加淀粉拌匀。
4. 加少许食用油拌匀，腌制10分钟。
5. 热锅注油，烧至六成热，倒入鸡丁，炸约2分钟至熟透。
6. 捞出油炸好的鸡肉待用。
7. 用油起锅，倒大蒜、姜片、葱段爆香。
8. 倒入干辣椒炒香，倒入鸡肉炒匀。
9. 关火后将食材盛入装有米饭的碗中即可。

蔬菜煎蛋

原料：
西红柿 90 克，鸡蛋 2 个，生菜适量

调料：
盐 2 克，鸡粉 2 克，食用油适量

功效
增强免疫力

做法：
1. 西红柿切片。
2. 鸡蛋打入碗中待用。
3. 热锅注油，放入西红柿片，煎至熟软后盛出待用。
4. 热锅留油，倒入鸡蛋，撒上盐、鸡粉，煎成荷包蛋。
5. 将煎好的鸡蛋盛入盘中，放上西红柿片，再摆放上备好的生菜即可。

坚果健康沙拉

原料：

虾仁 70 克，巴旦木 40 克，生菜 50 克，紫薯泥 60 克，圣女果 50 克，黄瓜 50 克，牛油果 90 克

调料：

橄榄油适量

功效

增强免疫力

做法：

1. 牛油果去皮，取肉切片。
2. 虾仁去虾线待用。
3. 紫薯泥用模具做成花状。
4. 圣女果对半切开。
5. 锅内注入适量清水烧开，倒入生菜煮至断生捞出。
6. 倒入虾仁煮至变红色捞出待用。
7. 取一盘，铺上生菜，放上牛油果、虾仁、紫薯泥、圣女果、黄瓜、巴旦木，浇上橄榄油即可。

胡萝卜金枪鱼沙拉

原料：
罐装金枪鱼 1 盒，胡萝卜 80 克

调料：
白兰地少许

功效
益智健脑、强筋健骨、保护肝脏

做法：

1. 将金枪鱼肉从罐头中取出，装入碗中，倒入白兰地，拌匀调味。
2. 胡萝卜切丝。
3. 锅内注水烧开，倒入胡萝卜煮至断生后捞出沥干水。
4. 取一个盘，将胡萝卜摆放在盘中，摆上金枪鱼肉即可。

圣女果沙拉

原料：
圣女果 120 克，松仁 30 克，小马蹄 50 克，薄荷叶适量

调料：
白糖 5 克

功效
美容养颜

做法：
1. 圣女果对半切开；小马蹄去皮对半切开。
2. 取一个盘，倒入圣女果、小马蹄，撒上白糖。
3. 撒上松仁拌匀，用薄荷叶点缀即可。

彩椒牛肉饭

原料：

牛肉100克，圆椒60克，黄彩椒60克，红彩椒60克，米饭300克，蒜末适量

调料：

盐2克，鸡粉2克，生抽、水淀粉、食用油各适量

功效

强身健体

做法：

1. 牛肉切条。
2. 红彩椒、黄彩椒切条。
3. 热锅注油，倒入蒜末爆香。
4. 倒入牛肉炒香。
5. 倒入黄红彩椒、圆椒炒匀。
6. 加入盐、鸡粉、生抽炒至入味。
7. 加入适量清水，煮沸后用水淀粉勾芡。
8. 关火后将食材盖在米饭上即可。

鸡肉沙拉

原料：

鸡胸肉 200 克，生菜适量

调料：

盐 2 克，鸡粉 2 克，胡椒粉 2 克，橄榄油适量

做法：

1. 锅内注水烧开，倒入鸡胸肉，煮至变白色。
2. 捞出鸡胸肉，冷却后切成块。
3. 备好一个碗，放入鸡胸肉块，放入盐、鸡粉、胡椒粉、橄榄油拌匀。
4. 备好一个盘，摆放上生菜，放上鸡胸肉块即可。

三鲜豆腐

原料：

豆腐 100 克，蟹味菇 90 克，虾仁 80 克，葱花适量

调料：

盐 2 克，鸡粉 2 克，芝麻油适量

做法：

1. 豆腐切块；蟹味菇撕成小朵。
2. 虾仁去除虾线。
3. 锅内注水烧开，倒入虾仁、豆腐、蟹味菇，中火煮 8 分钟。
4. 揭盖，加入盐、鸡粉、芝麻油拌匀。
5. 将煮好的食材盛入碗中，撒上葱花即可。

蛋炒饭

原料：

鸡蛋 2 个，米饭 200 克，葱花适量

调料：

盐 3 克，鸡粉 3 克，食用油适量

功效

增强记忆力

做法：

1. 鸡蛋打入碗内，搅散。
2. 热锅注油，倒入蛋液，炒熟。
3. 加少许食用油，倒入米饭，改用慢火，将米饭翻炒松散。
4. 加盐、鸡粉炒匀调味。
5. 撒入葱花翻炒匀。
6. 米饭炒香后盛入盘中即可。

虾仁炒面

原料：
虾仁 60 克，面条 200 克，红椒 30 克，葱花、蒜末各适量

调料：
盐 2 克，鸡粉 2 克，生抽 5 毫升，食用油适量

功效
增强免疫力

做法：
1. 虾仁去掉虾线；红椒切丝。
2. 面条放入沸水中煮至熟软，捞出，过凉水，待用。
3. 热锅注油，倒入蒜末爆香。
4. 倒入虾仁炒匀。
5. 倒入面条、红椒丝炒匀。
6. 加入盐、鸡粉、生抽炒匀。
7. 撒上葱花，炒匀后将食材盛出即可。

鸡胸肉炒西蓝花

材料：
鸡胸肉 100 克，西蓝花 200 克，小米椒 2 根，蒜末适量

调料：
酱油、盐、淀粉、胡椒粉、食用油各适量

功效
增强免疫力

做法：

1. 鸡胸肉切块，加适量酱油、胡椒粉、淀粉抓匀，腌制 15 分钟；西蓝花洗净切成小朵；小米椒切段。
2. 热锅加少许底油，放入蒜末、小米椒爆香，放鸡胸肉翻炒至变白。
3. 放西蓝花翻炒匀，加少许清水，放盐、酱油翻炒至所有食材熟透即可。

甜椒鸡丁

原料：

红彩椒 50 克，菠萝肉 60 克，鸡胸肉 200 克，葱段、蒜末各适量

调料：

盐 2 克，鸡粉 2 克，食用油、生抽、水淀粉各适量

功效

增强免疫力

做法：

1. 红彩椒切块；菠萝肉切成小块，鸡胸肉切丁。
2. 热锅注油，倒入蒜末、葱段爆香。
3. 倒入鸡胸肉炒至变色，倒入红彩椒、菠萝肉炒匀。
4. 加入盐、鸡粉、生抽炒匀入味。
5. 加入适量清水，用水淀粉勾芡。
6. 关火后将食材盛入盘中即可。

丝瓜炒油条

原料：

丝瓜 500 克，油条 70 克，胡萝卜 30 克，姜片、蒜末、葱白各适量

调料：

盐 3 克，鸡粉 3 克，蚝油 5 毫升，水淀粉适量，食用油适量

做法：

1. 将洗净的丝瓜去皮，切成块；胡萝卜切丝。
2. 油条切成长短等同的段。
3. 锅置火上，注入食用油，烧热后倒入姜片、蒜末、葱白、胡萝卜，爆香。
4. 倒入丝瓜炒匀，加入少许清水，翻炒片刻。
5. 加入盐、鸡粉、蚝油，快速拌炒匀。
6. 倒入油条，加少许清水炒 1 分钟至油条熟软，加入水淀粉勾芡，再淋入少许熟油炒匀。
7. 起锅，盛出装盘即可。

藕尖黄瓜拌花生仁

原料：

黄瓜 80 克，花生仁 40 克，藕尖 300 克，朝天椒 2 根

调料：

盐 2 克，鸡粉 2 克，生抽适量

做法：

1. 藕尖切段；朝天椒切圈；黄瓜切丁。
2. 锅内注入适量清水煮沸，倒入藕尖、花生仁煮至断生。
3. 捞出煮好的食材，盛入碗中待用。
4. 取一碗，加入盐、鸡粉、生抽，拌匀调成酱汁。
5. 往藕尖中倒入酱汁，放入黄瓜、花生仁、朝天椒拌匀。
6. 将拌好的食材盛入盘中即可。

鸡肉饭

原料：
鸡胸肉 400 克，米饭 300 克，红椒 20 克，青椒 20 克，面粉、葱花、蒜末各适量

调料：
盐 3 克，鸡粉 3 克，食用油、水淀粉各适量

做法：
1. 鸡胸肉切块；红椒、青椒切成末。
2. 红椒切块。
3. 往鸡胸肉中加入盐、鸡粉拌匀。
4. 鸡胸肉裹上适量面粉待用。
5. 热锅注油烧至七成热，放入鸡胸肉炸至金黄色。
6. 捞出炸好的鸡肉块待用。
7. 锅底留油，倒入蒜末爆香，倒入红椒、青椒炒香。
8. 倒入鸡块，加入适量清水，加入盐、鸡粉，撒上葱花炒匀，用水淀粉勾芡收汁。
9. 将炒好的鸡肉块盛出，摆放在白米饭周围即可。

扬州炒饭

原料：
米饭 300 克，豌豆 50 克，金华火腿 50 克，鸡蛋 1 个，去皮胡萝卜 50 克，蒜末适量

调料：
盐 3 克，鸡粉 3 克，生抽 5 毫升，食用油适量

功效
开胃

做法：

1. 胡萝卜切丁；将洗净的金华火腿切成片，切成细条，再切成粒。
3. 鸡蛋打入碗中，搅散。
4. 锅内注水烧开，倒入豌豆煮至断生后捞出待用。
5. 热锅注油，倒入蒜末爆香。
6. 倒入米饭炒散，倒入鸡蛋炒匀。
7. 倒入金华火腿、豌豆、胡萝卜翻炒匀。
8. 加入盐、鸡粉、生抽炒至入味。
9. 关火后，将炒好的米饭盛入盘中即可。

鱼肉咖喱饭

原料：

熟鱼肉 50 克，青豆 50 克，米饭 300 克，熟鹌鹑蛋 1 颗，咖喱膏 30 克，蒜末适量

调料：

盐 3 克，鸡粉 3 克，食用油适量

做法：

1. 鱼肉切块；熟鹌鹑蛋对半切开，青豆洗净入沸水锅中汆熟。
2. 热锅注油，倒入蒜末爆香。
3. 倒入米饭炒散。
4. 倒入咖喱膏炒匀，加入盐、鸡粉炒匀调味。
5. 倒入鱼肉、青豆炒匀。
6. 关火，将炒好的米饭盛入碗中，摆放熟鹌鹑蛋即可。

蔬菜鸡肉汤

原料：
红椒 50 克，胡萝卜 80 克，鸡肉 200 克，土豆 80 克，香菜叶适量

调料：
盐 2 克，鸡粉 2 克

功效
增强免疫力

做法：

1. 土豆切块；红椒切块；胡萝卜切块；鸡肉切块。
2. 锅内注入适量清水煮开，倒入鸡肉，汆去血水，撇去浮沫。
3. 捞出鸡肉块沥干水分，待用。
4. 砂锅注水烧开，倒入鸡肉、胡萝卜、土豆、红椒拌匀。
5. 加盖，中火煮 20 分钟。
6. 揭盖，加入适量盐、鸡粉拌匀调味。
7. 将汤盛入碗中，撒上香菜叶即可。

炸土豆

功效：增强免疫力

原料：

小土豆 400 克

调料：

食用油适量

做法：

1. 热锅注油，烧至七成热。
2. 倒入小土豆油炸约 1 分钟至表面微黄色。
3. 关火，将油炸好的小土豆盛入碗中即可。

鱼蛋汤河粉

功效： 补充维生素

原料：

鱼丸 5 个，河粉 300 克，炸腐竹 30 克，葱花适量

调料：

盐 3 克，鸡粉 3 克，芝麻油、生抽各适量

做法：

1. 锅内注水烧开，倒入河粉烫煮片刻捞出盛入碗中。
2. 接着将鱼丸放入沸水中煮至熟软后捞出。
3. 备好一个碗，加入盐、鸡粉、生抽、芝麻油，倒入河粉。
4. 放上鱼丸、炸腐竹，撒上葱花即可。

小葱拌豆腐

原料：

豆腐 200 克，葱花、熟白芝麻各适量

调料：

生抽 5 毫升，盐 3 克，鸡粉 3 克

做法：

1. 将洗净的豆腐切成方块。
2. 把切好的豆腐块装入盘中。
3. 取一个干净的碗，放入适量鸡粉，加入少许生抽、盐，再加入少许开水，拌匀。
4. 将调好的味汁淋在豆腐块上。
5. 把豆腐块放入蒸锅，加盖，大火蒸 8 分钟。
6. 揭盖，将蒸好的豆腐块取出。
7. 撒上葱花、熟白芝麻即可。

清炒小油菜

原料：
小油菜 100 克，红椒 30 克，蒜末适量

调料：
盐 2 克，鸡粉 3 克，生抽适量，食用油适量

做法：

1. 红椒切块；小油菜拆开成一片片。
2. 热锅注油，倒入蒜末爆香。
3. 倒入红椒块、小油菜炒至断生。
4. 加入盐、鸡粉、生抽炒匀调味。
5. 关火后将食材盛入盘中即可。

海带豆腐汤

原料：

豆腐 170 克，水发海带 120 克，姜丝、葱花各适量

调料：

盐 3 克，胡椒粉 2 克，鸡粉 3 克

功效

美容养颜

做法：

1. 将洗净的豆腐切开，改切条形，再切小方块。
2. 洗净的海带切小块，备用。
3. 锅中注入适量清水烧开，撒上姜丝。
4. 倒入豆腐块，再放入洗净的海带，拌匀。
5. 用大火煮约 4 分钟，至食材熟透。
6. 加入少许盐、鸡粉。撒上适量胡椒粉，拌匀，略煮一会儿至汤汁入味。
7. 关火后盛出煮好的汤料，装入碗中，撒上葱花即可。

白灼圆生菜

原料：
圆生菜 350 克，姜丝、红椒丝各适量，葱白丝适量

调料：
鸡粉 3 克，豉油 5 毫升，白糖 2 克，食用油适量

功效
护肤养颜

做法：

1. 将洗净的圆生菜切块。
2. 锅中注入 1500 毫升清水烧开，加入少许食用油拌匀。
3. 倒入圆生菜煮断生后捞出，摆放在盘中待用。
4. 锅置旺火，注油烧热，注入少许清水。
5. 倒入豉油，放入姜丝、红椒丝炒匀。
6. 加入白糖、鸡粉拌煮成豉油汁。
7. 将豉油汁浇在生菜上，再撒上红椒丝、葱白丝即可。

菠萝饭

原料：

菠萝半个量，米饭 150 克，豌豆 30 克，虾仁 80 克，红椒 20 克，葱段适

调料：

盐 3 克，鸡粉 3 克，食用油适量

做法：

1. 将洗净的红椒切丝；菠萝肉切丁，菠萝壳留下待用。
2. 热锅注水烧开，倒入豌豆煮至断生，捞出待用。
3. 热锅注油，倒入备好的米饭，炒松散。
4. 倒入焯过水的豌豆，倒入菠萝丁、虾仁炒匀。
5. 转小火，加入少许盐、鸡粉，炒匀调味。
6. 关火，将炒好的米饭盛入菠萝碗中，撒上葱段即可。

家常小炒肉

原料：
五花肉300克，蘑菇80克，香叶、蒜末各适量

调料：
盐2克，鸡粉2克，食用油、生抽、水淀粉各适量

做法：
1. 洗净的五花肉切条，切成片。
2. 蘑菇切块。
3. 热锅注油，倒入蒜末爆香。
4. 倒入香叶、肉块炒香。
5. 倒入蘑菇，加入盐、鸡粉、生抽炒匀调味。
6. 加入适量清水煮沸，用水淀粉勾芡。
7. 关火后将食材盛入碗中即可。

鸡肉菠菜蛋饼

原料：

菠菜90克，鸡蛋2个，面粉90克，葱花适量

调料：

盐2克，鸡粉2克，食用油适量

功效：降血压

做法：

1. 择洗干净的菠菜切成粒。
2. 鸡蛋打入碗中，搅散待用。
3. 锅中注入适量清水烧开，加入少许盐、食用油。
3. 倒入切好的菠菜，搅匀，煮半分钟，至其断生。
4. 将菠菜捞出，沥干水，倒入蛋液中，加入葱花，加入盐、鸡粉搅拌均匀。
5. 加入适量面粉，用筷子调匀。
6. 煎锅中倒入适量食用油烧热，倒入混合好的蛋液，摊成饼状。
7. 用小火煎至蛋饼成型，煎出焦香味。
8. 将蛋饼翻面，煎至金黄色。
9. 盛出蛋饼冷却后，切成块，摆放在盘中即可。

香煎豆干

功效

防治血管硬化

原料：

香干 100 克

调料：

盐 2 克，鸡粉 2 克，辣椒粉适量，食用油适量

做法：

1. 香干切等长块。
2. 热锅注油，放入香干煎至两面微黄色。
3. 撒上盐、鸡粉、辣椒粉。
4. 关火后将煎好的香干盛入盘中即可。

西红柿炒空心菜

原料：
西红柿、空心菜、蒜末各适量

调料：
盐 2 克，鸡粉 2 克，食用油适量

功效
开胃

做法：

1. 西红柿切块；空心菜择好，洗净，待用。
2. 热锅注油，倒入蒜末爆香。
3. 倒入西红柿，炒匀。
4. 倒入空心菜，加入盐，鸡粉炒匀入味。
5. 关火，将炒好的食材盛入盘中即可。

茼蒿胡萝卜

原料：
茼蒿200克，去皮胡萝卜80克，蒜末适量

调料：
盐2克，鸡粉2克，生抽5毫升，食用油适量

做法：

1. 茼蒿切成等长段；胡萝卜切成丝。
2. 热锅注油，倒入蒜末爆香。
3. 倒入胡萝卜炒匀。
4. 接着倒入茼蒿，加入盐、鸡粉、生抽炒匀调味。
5. 将食材炒至断生后盛入盘中即可。

玉米骨头汤

原料：

玉米 100 克，猪骨头 400 克，姜片适量

调料：

盐 3 克，鸡粉 3 克，胡椒粉 3 克

做法：

1. 玉米切段。
2. 锅中注水烧开，倒入洗净的猪大骨，汆去除血水和杂质，捞出，沥水待用。
3. 砂锅注水用大火烧开，倒入猪大骨、姜片、玉米搅拌匀，加上锅盖，大火煮开后转小火炖 1 小时。
4. 掀开盖，加入盐、鸡粉、胡椒粉，搅匀调味。
5. 将煮好的汤盛入碗中即可。

洋葱拌木耳

原料：
木耳 200 克，洋葱 100 克，红椒 30 克，青椒 30 克

调料：
盐 3 克、鸡粉 3 克，生抽 5 毫升，陈醋 5 毫升，辣椒油 5 毫升，芝麻油 5 毫升，食用油适量

功效
预防动脉硬化

做法：

1. 洗净的木耳切去根部，切成小块。
2. 去皮洗净的洋葱切成瓣，再切成小块。
3. 洗净的红椒切小块，青椒切小块。
4. 锅中倒入适量清水，用大火烧开。
5. 加入适量盐、鸡粉、食用油，放入木耳煮 3 分钟至熟。
6. 倒入切好的洋葱和红椒、青椒，再煮 1 分钟至熟。
7. 将焯好的食材捞出，沥干水，加入少许盐、鸡粉，淋入生抽、陈醋、辣椒油、芝麻油，拌匀，盛入盘中即可。

荷塘小炒

原料：

鲜百合 40 克，莲藕 90 克，胡萝卜 40 克，水发木耳 30 克，荷兰豆 30 克，蒜末适量

调料：

盐 3 克，鸡粉 3 克，食用油适量

做法：

1. 莲藕切片；胡萝卜切片；木耳切块。
2. 热锅注油，倒入蒜末爆香。
3. 倒入莲藕、木耳、荷兰豆、胡萝卜炒匀。
4. 倒入鲜百合炒匀。
5. 加入盐，鸡粉炒匀调味。
6. 关火后将食材盛入盘中即可。

玉米笋炒荷兰豆

原料：
玉米笋 80 克，荷兰豆 80 克，去皮胡萝卜 60 克，蒜末适量

调料：
盐 2 克，鸡粉 2 克，食用油适量

做法：
1. 洗净的玉米笋对半切开。
2. 胡萝卜切片。
3. 热锅注油，倒入蒜末爆香。
4. 倒入玉米笋、荷兰豆炒至断生。
5. 倒入胡萝卜片，加入盐、鸡粉炒匀。
6. 关火后将炒好的食材盛入碗中即可。

藤椒鸡

原料：
鸡肉 300 克，蒜末、小米椒各适量

调料：
生抽 5 毫升，豆瓣酱 10 克，花椒油 5 毫升，料酒 5 毫升，盐 3 克，鸡粉 3 克，淀粉 5 克，水淀粉适量，食用油适量

功效：
增强免疫力、开胃

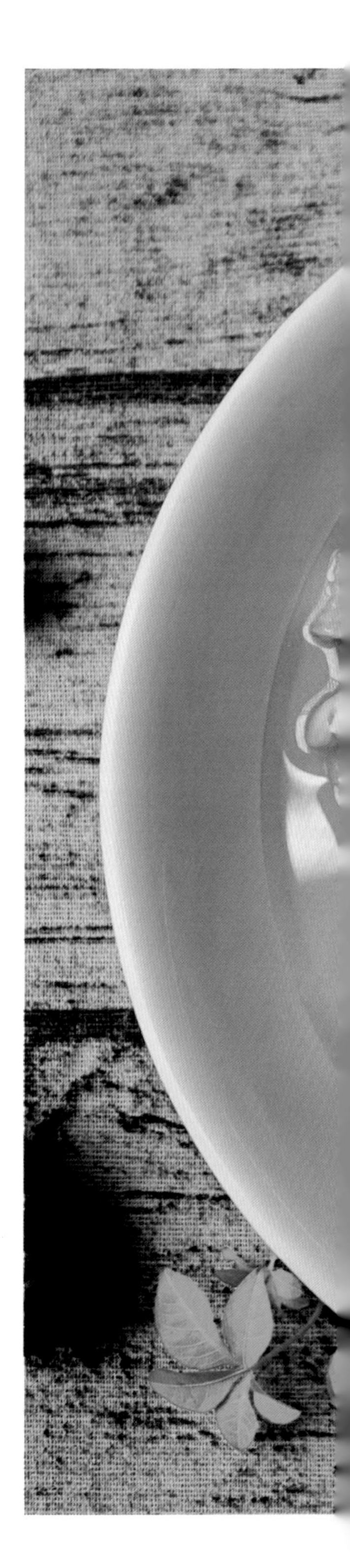

做法：

1. 洗净的小米椒切成圈；鸡肉切块。
2. 把洗好的鸡肉块放入碗中，加入少许生抽、料酒、盐、鸡粉，拌匀。
3. 撒上淀粉，拌匀，腌制 10 分钟至其入味。
4. 锅中注油，烧至五成热，倒入腌制好的鸡块，拌匀，炸半分钟至其呈金黄色，捞出，沥干油，待用。
5. 锅底留油，倒入蒜末、小米椒，爆香。
6. 放入鸡块，炒匀，淋入适量料酒，炒匀提味。
7. 加入豆瓣酱、生抽，炒匀。
8. 淋入花椒油。加入盐、鸡粉炒匀调味，注入适量清水，炒匀。
9. 盖上盖，煮开后用小火煮 10 分钟至其熟软。
10. 揭盖，倒入水淀粉勾芡，关火后盛出锅中的菜肴即可。

四川粉蒸肉

原料：

五花肉 500 克，土豆 100 克，蒸肉粉 100 克，姜末、蒜末各适量

调料：

花椒粉 5 克、辣椒粉 5 克、五香粉 5 克、生抽 10 毫升、老抽 5 毫升、料酒 10 毫升、豆瓣酱 10 克

功效

增强免疫力

做法：

1. 五花肉洗净，切成大片。
2. 往五花肉中加入花椒粉、辣椒粉、五香粉、生抽、老抽、料酒、姜末、蒜末、豆瓣酱，抓匀，腌制 1 个小时。
3. 往腌好的五花肉中倒入半包蒸肉粉，抓匀。
4. 取一只大碗，将裹好蒸肉粉的肉片一片片码入碗底，洗干净切块的土豆铺在上面，压实。
5. 蒸锅注水烧开，放入食材，用中小火蒸 1 小时。
6. 揭盖，将食材取出即可。

苦瓜炒鸡蛋

原料：
苦瓜 350 克，鸡蛋 1 个，蒜末适量

调料：
盐 2 克，鸡粉 2 克，生抽 5 毫升，食用油、水淀粉各适量

功效
增强免疫力

做法：
1. 苦瓜洗净，切片。
2. 鸡蛋打入碗内，加少许盐打散。
3. 用油起锅，倒入蛋液翻炒熟，盛出待用。
4. 热锅注油，倒入蒜末爆香。
5. 倒入苦瓜翻炒片刻，倒入鸡蛋炒散，加入盐、鸡粉、生抽炒匀调味。
6. 用水淀粉勾芡后将食材盛入盘中即可。

辣炒花甲

原料：

花甲 400 克，姜末、蒜末、葱段各适量

调料：

盐 2 克，鸡粉 2 克，料酒 10 毫升，白糖 2 克，水淀粉适量，豆瓣酱 10 克，食用油适量

做法：

1. 锅中倒入适量清水，用大火烧开，倒入花甲，煮约 2 分钟至花甲壳打开，捞出待用。
2. 用油起锅，倒入姜末、蒜末、葱段，加入适量豆瓣酱炒匀。
3. 倒入煮好的花甲，翻炒片刻。
4. 淋入少许料酒，再加入盐、鸡粉、白糖，炒匀调味。
5. 加入少许清水，煮片刻。
6. 倒入水淀粉，勾芡。
7. 将锅中材料炒至入味，盛入盘中即可。

肉丝蔬菜拌饭

原料：
米饭 200 克，玉米粒 40 克，青椒 40 克，猪肉 150 克，圣女果 70 克，蒜末适量

调料：
盐 2 克，鸡粉 2 克，生抽适量，食用油适量

功效
增强免疫力

做法：

1. 青椒切圈；猪肉切丝；圣女果对半切开。
2. 热锅注油，用蒜末爆香，倒入猪肉丝炒至熟软。
3. 倒入青椒，加入盐、鸡粉、生抽拌匀调味。
4. 将炒好的肉丝盛入碗中待用。
5. 锅内注水烧开，倒入玉米粒煮至断生后捞出待用。
6. 往备好的碗中，倒入米饭、肉丝拌匀，摆放上圣女果、玉米粒即可。

辣白菜

原料：

大白菜 200 克，剁辣椒 20 克，蒜末适量

调料：

盐 2 克，鸡粉 2 克，料酒 10 毫升，食用油适量

功效

护肤养颜

做法：

1. 将洗好的大白菜对半切开，再分别将菜梗和菜叶切成小片。
2. 锅中注油，油热后放入蒜末，倒入剁辣椒炒香。
3. 倒入白菜，翻炒至白菜变软。
4. 加入适量盐、鸡粉炒匀调味，倒入少许料酒拌炒至大白菜熟透。
5. 将炒好的大白菜盛入碗中即可。

芒果鸡肉块

原料：
芒果肉 90 克，鸡胸肉 300 克，蒜末适量

调料：
盐 2 克，鸡粉 2 克，食用油、生抽各适量

功效
增强免疫力

做法：

1. 芒果肉切块；鸡胸肉切块。
2. 热锅注油，倒入适量蒜末爆香。
3. 倒入鸡胸肉炒至转色。
4. 加入盐、鸡粉、生抽炒匀调味。
5. 倒入芒果炒匀。
6. 关火后将食材盛入碗中即可。

白菜卷

原料：
去皮莴笋 150 克，大白菜叶 100 克，青椒 20 克，胡萝卜 30 克

调料：
盐 3 克，鸡粉 3 克，食用油适量，芝麻油适量

功效
护肤养颜

做法：

1. 去皮洗净的莴笋切丝；胡萝卜切丝；青椒切丝。
2. 锅中注水烧开，加少许食用油，倒入大白菜叶，煮约 2 分钟至熟，捞出，待用。
3. 锅中加入少许鸡粉、盐，倒入莴笋、胡萝卜，拌匀，煮约 2 分钟至熟。
4. 将煮好的莴笋、胡萝卜捞出装盘，加入盐、鸡粉、芝麻油，拌匀。
5. 将青椒丝倒入盘中，拌匀。
6. 取大白菜叶铺开，放上煮好的莴笋丝、胡萝卜丝和青椒丝，卷起裹好，切齐整，把做好的白菜卷摆入盘中备用。
7. 将白菜卷放入蒸锅，加盖，蒸 1 分钟。
8. 把蒸好的白菜卷取出即可。

虾丸白菜汤

原料：
白菜 70 克，虾丸 80 克，鸡肉丸 1 个

调料：
盐 2 克，鸡粉 3 克

功效
清热解毒

做法：
1. 热锅注水，倒入虾丸煮至熟软。
2. 倒入白菜、鸡肉丸，加入盐、鸡粉拌匀调味。
3. 煮至沸腾后将食材盛入碗中即可。